超夯手作

90 款

大人 & 小孩都會縫 の

馬卡龍可愛吊飾

I LOVE Macarons

Contents

馬卡龍吊飾大小
本書介紹的馬卡龍使用的
包釦大小 & 拉鍊的組合

包釦	3.5cm	3.5cm	4cm
拉鍊	10cm	12cm	12cm

【商品洽詢】

Takagi 纖維株式會社
http://www.takagi-seni.com

日本鈕釦貿易株式會社
http://www.nippon-chuko.co.jp

【攝影協力】

AWABEES

【Design】

有馬典子（Amitie）http://members3.jcom.home.ne.jp/amitie7/
Abemari http://atelierm.blog.so-net.jp
久高 katsuyo　村上 ritsuko
（Sewingroom · la · soeur）http://homepage1.nifty.com/Lasoeur/
栗和田惠美（Piggy's patch）http://homepage2.nifty.com/piggy_patch/
Komori Katsuko
鈴木祥子（Blue ＊ Blossoms）http://www.blue-blossoms.com
Sebata Yasuko（nelie · rubina）http://nelie-rubina.com/
瀧田裕子（Quiltpot）http://www.quiltpot.ecnet.jp/
田村里香（tam-ram）http://www.tam-ram.com
Tsubaki Midori（Girlish）http://fish.miracle.ne.jp/midori/mcolle/
西村明子
松田惠子 http://pafumafu.exblog.jp
大和 chihiro

❀ 浪漫風花朵馬卡龍 ❀

size ✦ 3.5cm／作法 ✦ P.10 · P.15

以各色盛開花朵的印花布縫製而的馬卡龍，
搭配上深色拉鍊更能強調花朵的浪漫印象。

可以放入二至三個
銅板

no.2裡側

柔和色調的水玉
印花布超可愛！

蕾絲&鈕釦
妝點的馬卡龍

size ✦ 3.5cm／作法 ✦ P.15

小小的馬卡龍，
加上了蕾絲或鈕釦就變成了獨一無二的作品。
因為只要使用少少的布料就可以製作，
將自己喜歡的布料搭配不同的配件，
來作出各式各樣的馬卡龍吧！

3

✤ 水玉印花布
馬卡龍 ✤

size ✦ 3.5cm／作法 ✦ P.10．P.14

使用彩色水玉印花布和
單色水玉印花布作的馬卡龍吊飾。
no.12和no.14特別以深色拉鍊
來作為視覺重點。

no.11裡側

搭配表布的綠色水玉，以
同色系的單色布作裡布。

no.12．no.13．
no.14裡側

配上流行水玉布

no.12．no.13．no.14為
日本鈕釦貿易的材料包

16

17

15

18

✦ 格子印花馬卡龍 ✦

size ✦ 3.5cm／作法 ✦ P.14

繽紛的色彩配上清爽的格紋作成的馬卡龍吊飾，
光是帶在身上心情就不知不覺地愉快起來！

可以放入一回份的藥
量，也相當便利喔！

19
21
20
22
23
25
24
26

design ✦ 瀧田裕子
（Quilt-Pot）

❧ 繽紛彩色馬卡龍 ❧

size ✦ 4cm／作法 ✦ P.15

甜甜糖果色看起來就像真的馬卡龍一樣呢！
選用同色系的吊繩搭配，
依照每天的幸運色更換不同的吊飾，
也是生活中小小的樂趣。

裡側

裡布為小花印花布

蛋糕盤架／AWABEES

❧ 懷舊風花朵馬卡龍 ❧

size ✦ 4cm／作法 ✦ P.15

28

27

30

29

充滿懷舊氣氛的復古花朵印花布，
再加上搭配印花布色彩的拉鍊，
作為重點裝飾。

可以放進相機SD記
憶卡，在旅行中時
方便攜帶。

design ✦ 粟和田惠美（Piggy's patch）

❖ 懷舊風動物馬卡龍 ❖

size ✦ 4cm／作法 ✦ P.15

31

32

33

裡側

馬卡龍的黑底水玉布上
印有可愛表情的動物圖案，
再挑選普普風色彩的拉鍊來點綴。

design ✦ 栗和田惠美（Piggy's patch）

首飾架／AWABEES

裡側的普普風印花布
也充滿魅力。

來作水玉印花布馬卡龍吧！

P.4 11（水玉印花布）
P.2 2（花朵圖案）

本單元介紹的是水玉&花朵圖案的馬卡龍作法。
準備好材料&工具後就開始動手作吧！只要使用手縫的方式就可以輕鬆完成囉！

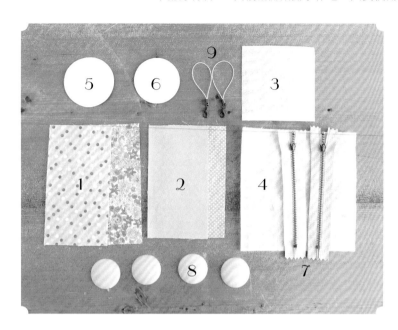

材料

1 表布2款（約7.5×14cm）
2 裡布2款（約7×13cm）
3 厚布襯（約9×9cm）
4 鋪棉（約14×14cm）
5 表布用紙型（直徑約6cm圓形）
6 裡布用紙型（直徑約5.5cm圓形）
7 拉鍊12cm 2條
8 包釦 直徑3.5cm 4顆
9 問號鉤吊飾繩2個

工具

針……建議短一點的手縫針會較好使用。
線材……合成纖維或棉質手縫線。
布剪刀……裁布專用剪刀。
熨斗……熨貼布襯。
鉛筆・原子筆……於布料作記號。

✦ 包釦&拉鍊

・包釦

包釦是塑膠材質的圓盤狀材料。有弧度的裡側會呈凹陷狀。本書使用的包釦大小是3.5cm和4cm。

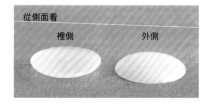

從側面看
裡側　　外側

・拉鍊

長度

使用金屬鍊齒的拉鍊。拉鍊長度為拉鍊頭裡側到尾端裡側，本書使用10cm、12cm、14cm的拉鍊。

1 將材料分成兩組

水玉馬卡龍

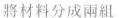
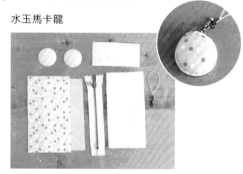

花朵圖案馬卡龍

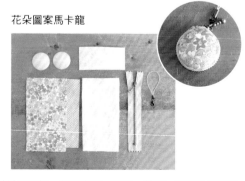

將材料分兩組，各有表布、裡布、拉鍊、兩顆包釦和問號鉤吊飾繩。由於厚布襯和鋪棉為兩個馬卡龍的分量，先裁剪後分成兩份。

2　裁布

1. 裁剪表布。將直徑6cm的紙型，放在表布背面以鉛筆描線。

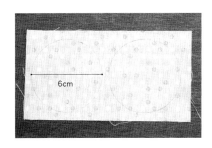

2. 描繪兩片表布。

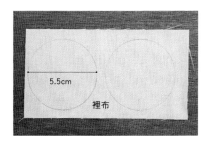

3. 以直徑5.5cm紙型描繪兩片裡布。

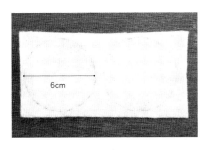

4. 裁剪兩片直徑6cm的鋪棉。因為鉛筆不能在鋪棉上作記號，改以原子筆描繪。

5. 包釦（直徑3.5cm）放在布襯畫上記號，取兩片布襯。

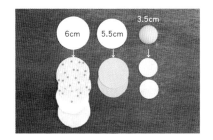

6. 將材料依畫好的記號裁剪。

3　縫製包釦　※因為成品最後看不見縫線，使用任何顏色的縫線都OK。

1. 疊合鋪棉和表布。

2. 以一股手縫線將鋪棉一起縫合（進行針目細密的平針縫）。

3. 將包釦凹陷底面朝上放在鋪棉上。

4. 拉線縮縫，於尾端打結。

5. 不剪線直接穿線成星形後固定。

6. 完成包釦。以相同方法再多作一顆。

4 拉鍊縫製成圈狀 ※實際製作時要使用和拉鍊相同色系的縫線。

1. 拉鍊正面朝裡側對摺。

2. 離拉鍊尾端0.2至0.3cm處縫合。

3. 熨開縫份。

4. 將縫份摺成三角形，以藏針縫縫合。

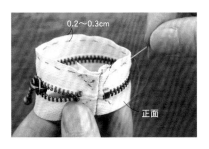

5. 拉鍊翻回正面，進行平針縫。

6. 另一側也進行平針縫，並稍微縮縫布料。

5 縫合拉鍊&包釦 ※實際製作時要使用和拉鍊相同色系的縫線。

1. 由於拉鍊長度和包釦圓周長會有稍微的落差，要先決定好拉鍊跟包釦外側縫合位置。

2. 將包釦和拉鍊壓好，從包釦邊緣橫著穿針進行藏針縫。圖為拉鍊在下方，但是拉鍊在上方也無妨（見P.13）。

3. 拉鍊依圖示縫合，稍微將縫線拉緊一點可以縫得較為美觀。

4. 完成單邊的包釦。

5. 再以相同作法縫合另外一顆。縫合時露出的拉鍊尺寸要相同，即完成本體。

6 接縫裡布　※實際製作時要使用和裡布相同色系的縫線。

1. 在裡布中央熨貼布襯，待冷卻後於周圍進行平針縫。

2. 拉線縮縫後打結，包住布襯，以相同作法製作兩片。

3. 將裡布放在本體裡側。

4. 拉鍊倒向本體側，從拉鍊尾端以藏針縫縫合，另一片作法相同。

5. 拉合拉鍊。縫成圓形後拉鍊會不好拉的關係，拉合時要稍慢一些，最後在拉鍊頭掛上問號鉤。

完成

◆ 安裝10cm拉鍊時

12cm拉鍊　10cm拉鍊

以12cm的拉鍊會作出較平的馬卡龍，使用10cm拉鍊則可以作出立體的馬卡龍。

0.5cm

1. 拉鍊縫成圈狀時，要於離拉鍊尾端0.5cm處縫合。完成的拉鍊圈會比包釦稍長，所以要確實疊合。

2. 拉鍊倒往上側的狀態。縫法與12cm拉鍊相同。

◆ 單圈接法

本書也有在拉鍊上接縫緞帶後穿過單圈鉤吊飾繩的作品。開單圈時以兩支平口鉗夾住單圈，不是左右拉開，而是一手往前另一手往後扳開，最後穿過緞帶或鉤頭。

工具拿法

扳動方向

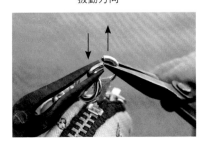

P.2至P.9　1至33馬卡龍作法

根據馬卡龍大小和拉鍊長度可以分成三種類型，請依照尺寸裁剪布料，
基本作法和P.10相同，再加上蕾絲或是吊飾繩來作變化。

●馬卡龍種類&布片大小

包釦大小	表布・鋪棉	裡布	布襯	拉鍊

type A　3.5cm　　6　　5.5　　3.5　　12

type B　3.5cm　　6　　5　　3　　10

type C　4cm　　7　　5.5　　3.5　　12

※圖形原寸紙型見P.56，紙型已含縫份。

P.4・P.5　12至18

12・13・14　　type A

材料（1個份）
包釦 直徑3.5cm 2顆
拉鍊12cm 1條
表布（水玉印花布）14×7cm
裡布（水玉印花布）13×7cm
※不加鋪棉和布襯縫製。

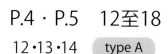

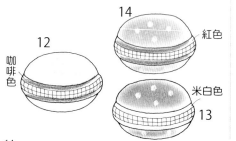

12　咖啡色
14　紅色
13　米白色

16・18　　type A

材料（1個份）
包釦 直徑3.5cm 2顆
拉鍊12cm 1條
表布（格子布）14×7cm
鋪棉14×7cm
裡布（印花布）13×7cm
厚布襯 8×4cm

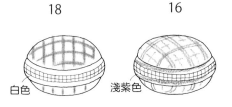

18　白色
16　淺紫色

15・17　　type B

材料（1個份）
包釦 直徑3.5cm 2顆
拉鍊10cm 1條
表布（格子布）14×7cm
鋪棉14×7cm
裡布（單色）12×6cm
厚布襯7×4cm

17　水藍色
15　黃色

P.6　19至26

type C

材料（1個份）
包釦 直徑4cm 2顆
拉鍊12cm 1條
表布（素色）16×8cm
鋪棉16×8cm
裡布（印花布）13×7cm
厚布襯 8×4cm
圓繩 粗0.1cm 4cm
問號鉤吊飾繩

●安裝圓繩方法

在安裝裡布之前，將一端打結的繩子縫合，
從空隙穿至表面。

安裝圓繩方法

接縫

裡布

0.5

25

橘色

米白色

22

粉紅色

白色

P.8・P.9　27至33

type C

材料（1個份）
包釦 直徑4cm 2顆
拉鍊12cm 1條
表布（印花布）16×8cm
鋪棉16×8cm
裡布（印花布）13×7cm
厚布襯 8×4cm
問號鉤吊飾繩

28

紫色

29

綠色

30

黃色

31・32・33

粉紅色・黃色・綠色

27

藍色

24

紫色

粉紅色

21

紫紅色

淺紫色

26

薄荷綠色

白色

23

檸檬黃色

咖啡色

19

開心果綠色

米白色

20

深咖啡色

檸檬黃色

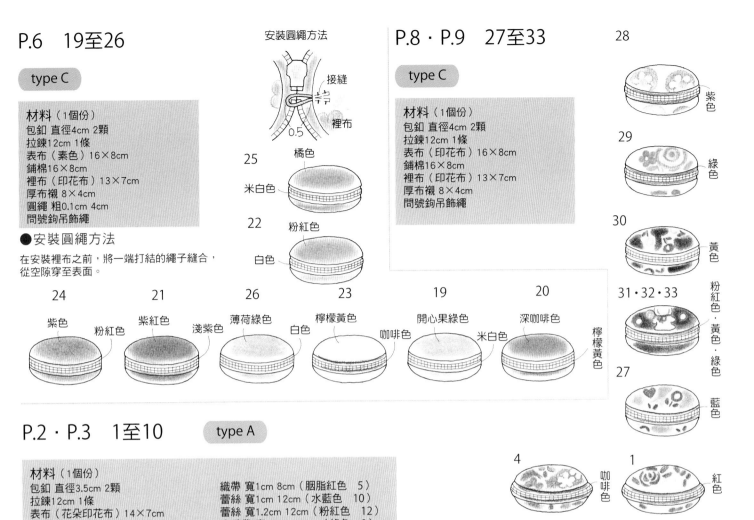

4

咖啡色

1

紅色

3

白色

2

淺粉紅色

P.2・P.3　1至10

type A

材料（1個份）
包釦 直徑3.5cm 2顆
拉鍊12cm 1條
表布（花朵印花布）14×7cm
鋪棉14×7cm
裡布（印花布）13×7cm
厚布襯 8×4cm

織帶 寬1cm 8cm（胭脂紅色 5）
蕾絲 寬1cm 12cm（水藍色 10）
蕾絲 寬1.2cm 12cm（粉紅色 12）
水兵帶 寬0.7cm 25cm（綠色 9）
花形鈕釦 直徑0.8cm 1顆（7）
花形鈕釦 直徑0.6cm 1顆（8）

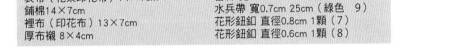

●裝飾作法　安裝緞帶・水兵帶和鈕釦時，要在馬卡龍完成後，再決定位置縫合。
　　　　　　蕾絲則在包釦完成前先縫好在表布上。

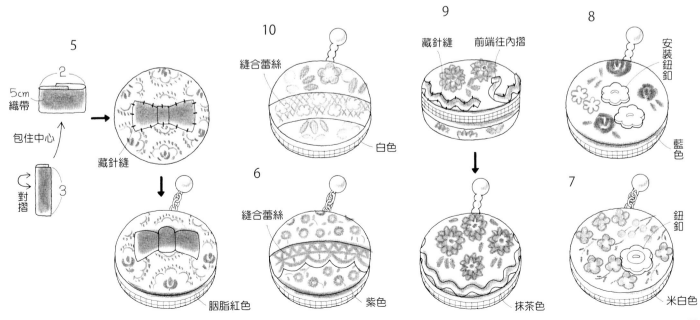

5

2

5cm
織帶

包住中心

對摺

3

藏針縫

胭脂紅色

10

縫合蕾絲

白色

6

縫合蕾絲

紫色

9

藏針縫　前端往內摺

抹茶色

8

安裝鈕釦

藍色

7

鈕釦

米白色

✤ 加上貼布章的
自然風馬卡龍 ✤

size ✦ 34~36⋯4cm／37~39⋯4cm
作法 ✦ P.17

在自然風布料上
熨貼水果‧刀叉＆花朵的貼布章。
no.34‧no.35‧no.36的馬卡龍
則在包釦和拉鍊接縫位置加上了麻繩裝飾。

no.34‧no.35‧no.36
裡側

配合表布上的貼布花樣，
選用印滿甜點的裡布。

34

35

36

design ✦ 西村明子

37

38

39

包釦和拉鍊的縫合位置夾入布環，
可用來掛上吊飾鍊或繫繩。

P.16　37・38・39

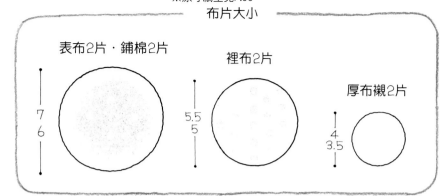

※下排數字代表37・38・39，上排數字代表34・35・36。
※原寸紙型見P.56。

布片大小

表布2片・鋪棉2片　　裡布2片　　厚布襯2片

7 / 6　　5.5 / 5　　4 / 3.5

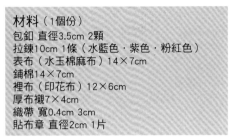

材料（1個份）
包釦 直徑3.5cm 2顆
拉鍊10cm 1條（水藍色・紫色・粉紅色）
表布（水玉棉麻布）14×7cm
鋪棉14×7cm
裡布（印花布）12×6cm
厚布襯7×4cm
織帶 寬0.4cm 3cm
貼布章 直徑2cm 1片

● 作法　　表布中心熨貼布章。織帶對摺固定於表布後，安裝拉鍊。其他作法和P.10相同。

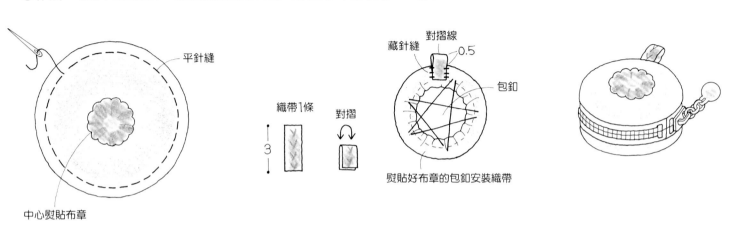

平針縫

中心熨貼布章

織帶1條

3

對摺

對摺線

藏針縫

0.5

包釦

熨貼好布章的包釦安裝織帶

P.16　34・35・36

材料（1個份）
包釦 直徑4cm 2顆
拉鍊12cm 1條（杏色）
表布（素色麻布）16×8cm
鋪棉16×8cm
裡布（印花布）13×7cm
厚布襯 9×5cm
織帶 寬0.4cm 30cm
織帶 寬0.5cm 3cm
貼布章 直徑2cm 1片

● 作法　　作法與上圖相同，最後在周圍黏貼織帶。

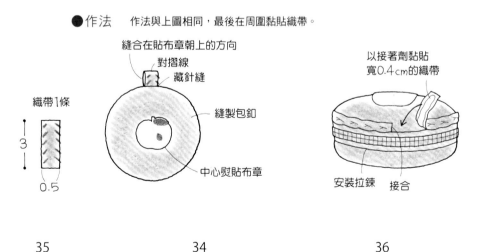

縫合在貼布章朝上的方向
對摺線
藏針縫

織帶1條

3

0.5

縫製包釦

中心熨貼布章

以接著劑黏貼
寬0.4cm的織帶

安裝拉鍊　接合

35　　　　34　　　　36

17

❧ 簡單&時髦的
拼布風馬卡龍❧

size ✦ 4cm／作法 ✦ P.20・P.21

no.40在中央使用了優雅色調的玫瑰印花布，
周圍則以蕾絲點綴。
no.41&no.42則是拼接單色及圖案印花布，
再加上蕾絲&串珠作為裝飾。

design ✦ 有馬典子（Amitié）

40

no.41 & no.42背面

更換單色布料的顏色

41

42

✦ 蕾絲＆織帶裝飾的馬卡龍 ✦

size ✦ 43・45…3.5cm／44・46…4cm
作法 ✦ P.22

以蕾絲織片和蕾絲織帶、
亮片等裝飾的可愛設計。
no.44的拉鍊頭上
還有以兩顆小包釦作成的迷你馬卡龍呢！

design ✦ Tsubaki Midori（Girlish）

材料

包釦 直徑4cm 2顆
拉鍊12cm 1條（杏色）
表布（A 2片・B 2片・C 1片・垂片）10×12cm
背面用表布（印花布）7×7cm
鋪棉5×10cm
裡布（印花布）13×7cm
厚布襯4×8cm
蕾絲 寬1.2cm 24cm
鍊條吊飾

※原寸紙型見P.22。

●作法

1 　裁剪各部位的布片後縫合。

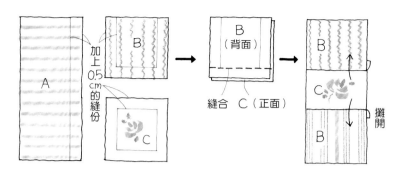

加上0.5cm的縫份　縫合 C（正面）　攤開

2 　中心布片和A縫合，標註記號後裁剪。

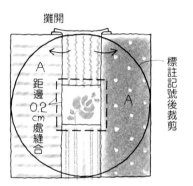

攤開　A　A距邊0.2cm處縫合　標註記號後裁剪

3 　進行平針縫。

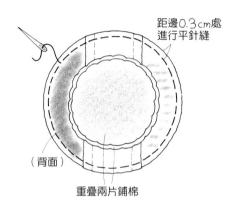

距邊0.3cm處進行平針縫　（背面）　重疊兩片鋪棉

4 　縮縫包釦，黏貼蕾絲。

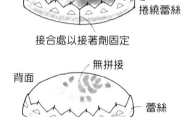

縫製包釦　前面　挑縫固定蕾絲　捲繞蕾絲
接合處以接著劑固定
背面　無拼接　蕾絲

5 　製作垂片，接縫在拉鍊上。拉鍊縫成圈狀。

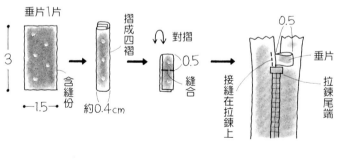

垂片1片　3　含縫份　1.5　摺成四褶　約0.4cm　對摺　0.5　縫合　接縫在拉鍊上　垂片　拉鍊尾端

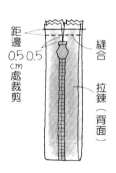

0.5　距邊0.5・0.5cm處裁剪　縫合　拉鍊（背面）

6 　於縫份處加上襠布以隱藏縫份。

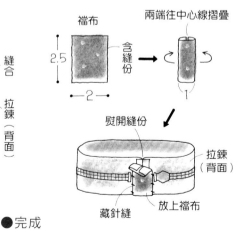

襠布　2.5　含縫份　2　兩端往中心線摺疊　1
熨開縫份　拉鍊（背面）　放上襠布　藏針縫

7 　縫合包釦&拉鍊。

8 　以藏針縫固定裡布。

●完成

藏針縫　藏針縫　裡布　包住厚布襯　鍊條吊飾

P.18　41

材料
包釦 直徑4cm 2顆
拉鍊12cm 1條（杏色）
表布（A 4片　花朵圖樣）8×4cm
　（A各2片　粉紅色・黃綠色）各8×4cm
貼花布（水藍色）3×6cm
鋪棉5×10cm
裡布（印花布）13×7cm
厚布襯 4×8cm
蕾絲 寬1.2cm 30cm
珍珠 直徑0.3cm 24顆
金色串珠 直徑0.2cm 12顆
鑰匙圈

※原寸紙型見P.22。

詳細作法見P.20。

●作法　　　1　裁剪各部位的布片後縫合。

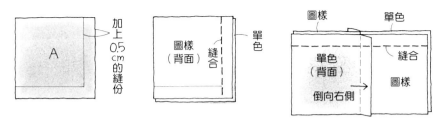

2　在中心處加上貼花布，周圍縫上串珠。

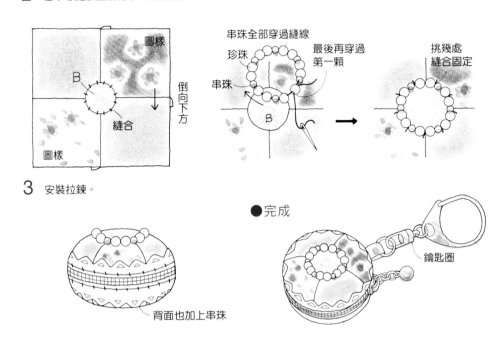

3　安裝拉鍊。

●完成

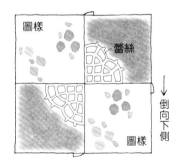

背面也加上串珠

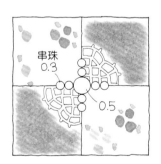

鑰匙圈

P.18　42

材料
包釦 直徑4cm 2顆
拉鍊12cm 1條（杏色）
表布（A 4片　印花布）10×8cm
　（A 4片　單色）8×8cm
鋪棉5×10cm
裡布（印花布）13×7cm
厚布襯4×8cm
蕾絲 寬2.5cm 20cm
珍珠 直徑0.5cm 2顆
珍珠 直徑0.3cm 16顆
鑰匙圈

※原寸紙型見P.22。

詳細作法見P.20。

●作法

1　裁剪各部位的布片後縫合，中心縫上串珠。

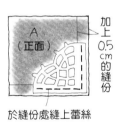

於縫份處縫上蕾絲

2　安裝拉鍊。

●完成

背面也加上串珠

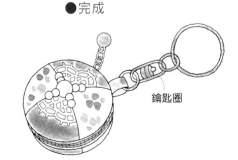

鑰匙圈

●原寸紙型

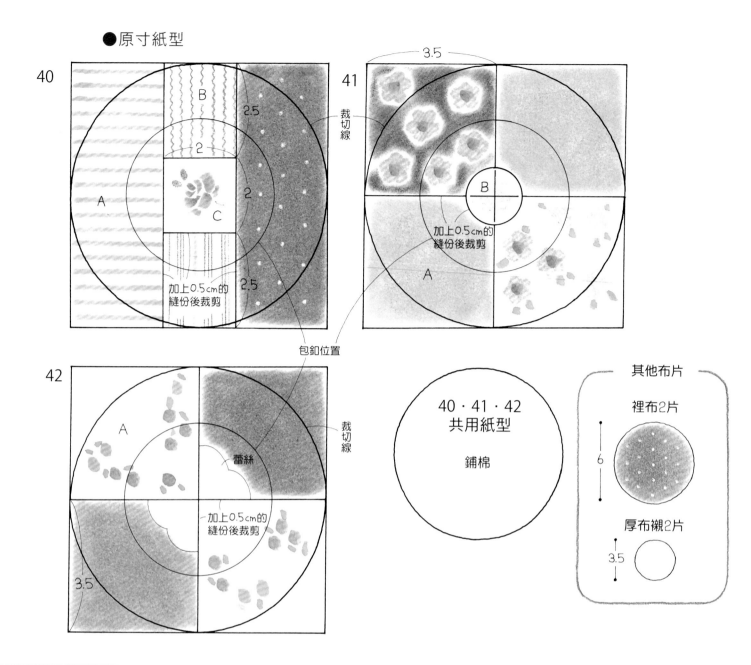

40

B
2.5
2
A
2
C
加上0.5cm的
縫份後裁剪
2.5

裁切線

包釦位置

41

3.5

B

A

加上0.5cm的
縫份後裁剪

裁切線

42

A

蕾絲

加上0.5cm的
縫份後裁剪

3.5

裁切線

40・41・42
共用紙型

鋪棉

其他布片

裡布2片

6

厚布襯2片

3.5

P.19　43至46

<table>
<tr><td>

43

材料
包釦 直徑4cm 2顆
拉鍊 10cm 1條（淺粉紅色）
表布（花朵圖樣）14×7cm
鋪棉14×7cm
裡布（印花布）12×6cm
厚布襯8×4cm
蕾絲織片 直徑2cm 1片
鑰匙圈

</td><td>

44

材料
包釦 直徑4cm 2顆
拉鍊 12cm 1條（淺粉紅色）
表布（印花布）16×8cm
鋪棉16×8cm
裡布（印花布）13×7cm
厚布襯9×5cm
蕾絲 寬1cm 12cm
亮片・串珠各2顆
包釦 直徑1.5cm 2顆
緞帶 寬0.3cm 4cm
問號鉤吊飾繩

</td><td>

45

材料
包釦 直徑3.5cm 2顆
拉鍊10cm 1條（藍紫色）
表布（花朵圖樣）14×7cm
鋪棉14×7cm
裡布（印花布）12×6cm
厚布襯8×4cm
水晶珠 直徑0.3cm 3顆
緞帶 寬0.3cm 3cm
鍊條吊飾・金屬配件・單圈

</td><td>

46

材料
包釦 直徑4cm 2顆
拉鍊 12cm 1條（紅色）
表布（印花布）16×8cm
鋪棉16×8cm
裡布（印花布）13×7cm
厚布襯9×5cm
織帶 寬1cm 6cm
緞帶 寬0.3cm 3cm
鍊條吊飾

</td></tr>
</table>

※原寸紙型見P.56。　　　　　※上排數字代表44・46，下排數字代表43・45。　　　45　　●作法

布片大小

表布2片・鋪棉2片　　　7/6

裡布2片　　　5.5/5

迷你包釦用布2片　　3.5

厚布襯2片　　4/3.5

1　緞帶作成垂片，接縫在拉鍊上。

垂片1片（緞帶）
對摺
0.5　縫合

0.5
垂片
接縫在拉鍊上
拉鍊尾端

2　縫製包釦，縫上水兵帶，和拉鍊縫合。

包住布片後縫製包釦
縫上水兵帶

垂片加在圖樣上方

3　掛上鍊條吊飾＆配件。

●完成

鍊條吊飾
金屬配件

44

1　布片縫上蕾絲後縮縫。

平針縫
鋪棉
布（正面）
中心
1
0.5
縫上亮片和串珠
縫上蕾絲

串珠
亮片

2　製作兩個迷你包釦後黏合，安裝於拉鍊。

距邊0.3cm處進行平針縫
兩個疊合
迷你包釦

以接著劑黏貼
修剪底部的蕾絲
藏針縫
夾進拉鍊頭的鍊條

問號鉤吊飾繩
夾入緞帶
迷你包釦

46　布片縫上蕾絲織帶後縮縫。

夾入緞帶
縫上織帶
單圈
鍊條吊飾

43　縫製包釦，加上蕾絲織片。

縫上蕾絲織片
鑰匙圈

重點刺繡馬卡龍

size ◆ 3.5cm ／作法 ◆ P.26

47

48

49

加上重點刺繡，洋溢著少女風格的馬卡龍，
和女孩們喜愛的小物一樣讓人愛不釋手唷！

design ◆ 田村里香（tam-ram）

搭配正面的刺繡圖案，
就用來收藏戒指吧！

戒指／AWABEES

✦ 雛菊馬卡龍 ✦

size ✦ 3.5cm／作法 ✦ P.26

馬卡龍上綻放著粉紅色及黃色的小雛菊，
包釦和拉鍊接合部分，
再加上細緻的刺繡裝飾。

50

51

design ✦ Sebata Yasuko
（nelie · rubina）

✦ 玫瑰&草莓
刺繡馬卡龍 ✦

size ✦ 3.5cm／作法 ✦ P.26

以玫瑰和草莓刺繡加上周圍裝飾的蕾絲，
所完成雅緻可愛的馬卡龍，
掛上它讓時髦的包包變得更加華麗吧！

design ✦ Sebata Yasuko（nelie · rubina）

no.52 · no.53裡側

裡布使用與繡線
同色系的水玉布

52

53

※原寸紙型見P.56。

材料（1個份）
包釦 直徑3.5cm 2顆
拉鍊10cm 1條　49（米白色）
　　　　　　　48（粉紅色）
　　　　　　　47（水藍色）
表布　49（粉紅色棉緞布）20×15cm
　　　48（薄荷綠色棉緞布）20×15cm
　　　47（條紋布）20×15cm
鋪棉 14×7cm
裡布（印花布）13×7cm
厚布襯 8×4cm
緞帶 寬1cm 4cm
緞帶 寬0.5cm 3cm
25號繡線 49（3811・3822・銀蔥線）
　　　　　48（211・754・894）
　　　　　47（956・374）

※繡線為DMC色號。
※於20×15cm的布片上刺繡後裁剪成圓形，
　並以10cm的刺繡框來進行。
※繡法見P.52。

布片大小

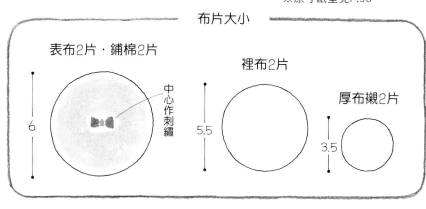

表布2片・鋪棉2片　　中心作刺繡　　裡布2片　　厚布襯2片
6　　5.5　　3.5

●作法

1 將緞帶作成垂片，
　接縫在拉鍊上。

2 縫合包釦&拉鍊，固定裡布。

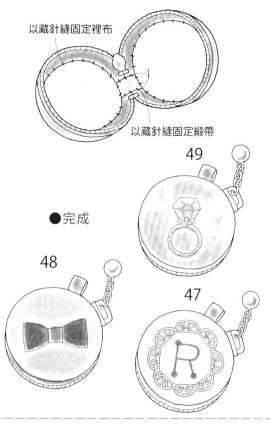

以藏針縫固定裡布
以藏針縫固定緞帶

0.5　　垂片
對摺　　接縫固定於拉鍊　　拉鍊尾端
0.5　　縫合
0.5cm寬的緞帶

●完成

49　48　47

●原寸刺繡圖案

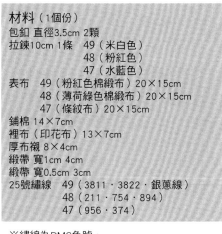

49
直線繡（3822・1股線）
緞面繡（3811）
緞面繡（銀蔥線）
輪廓繡（銀蔥線）

47
回針繡（956）
緞面繡（956）
毛毯繡（3747）

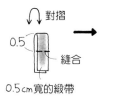

48
直線繡（754）
緞面繡（894）
長短針繡（211）

※上排數字代表51，下排數字代表50。

●原寸刺繡圖案

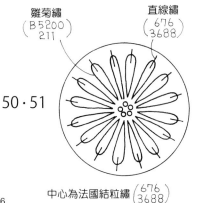

50・51
雛菊繡（B 5200）211
直線繡（676 3688）
中心為法國結粒繡（676 3688）

52
法國結粒繡（970・3股線）
玫瑰
外側4瓣 捲線繡（970・3股線）
內側5瓣（1017・3股線）
雛菊繡（843・3股線）

53
直線繡（843・2股線）
回針繡（843・2股線）
捲線繡（276・3股線）
法國結粒繡（20・3股線）
長短針繡（20・3股線）
雛菊繡（843・2股線）

50・51

材料（1個份）
包釦 直徑3.5cm 2顆
拉鍊 12cm 1條 51（灰白色）
            50（粉紅色）
表布（淺黃綠色・淺水藍色麻布）各20×15cm
鋪棉 8×4cm
裡布（印花布）13×7cm
厚紙板 8×4cm
5號繡線 51（676・B5200）
        50（3688・211）
包包掛繩・配件各1個

※繡線為DMC色號。

52・53

材料（1個份）
包釦 直徑3.5cm 2顆
拉鍊 12cm 1條 53（紅色）
            52（杏色）
表布（杏色別珍布）各20×15cm
鋪棉 8×4cm
裡布（印花布）13×7cm
厚紙板 8×4cm
25號繡線 53（20・276・843）
         52（970・1017・843）
包包掛繩・配件各1個

※繡線為Anchor色號。
※於20×15cm的布片上刺繡後裁剪成圓形，
　並以10cm的刺繡框來進行。
※繡法見P.52。

布片大小

表布2片　　裡布2片　　鋪棉 厚紙板 2片

6　　5.5　　3.5

●作法

1 完成刺繡後裁剪布料，不放鋪棉直接縮縫包釦。

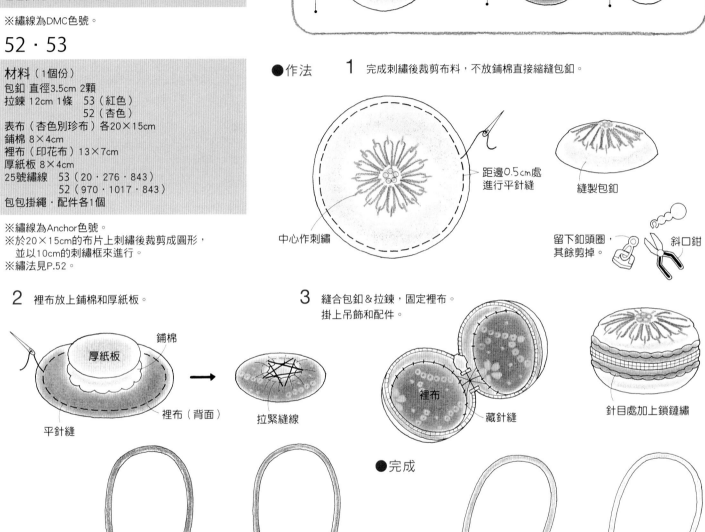

距邊0.5cm處進行平針縫

縫製包釦

中心作刺繡

留下釦頭圈，其餘剪掉。

斜口鉗

2 裡布放上鋪棉和厚紙板。

鋪棉　厚紙板　裡布（背面）　平針縫

拉緊縫線

3 縫合包釦＆拉鍊，固定裡布。
　掛上吊飾和配件。

裡布　藏針縫

針目處加上鎖鏈繡

●完成

掛上金屬配件

整圈貼上蕾絲

拉鍊頭掛上兩個單圈

十字繡馬卡龍

size ✦ 54・56・57…4cm／55…3.5cm
作法 ✦ P.30

繡上可愛的俄羅斯娃娃・艾菲爾鐵塔
&花朵圖案的馬卡龍。
no.55周圍還加上三股繡線編織成的裝飾帶。

在馬卡龍背面繡上
俄羅斯娃娃的背影

俄羅斯娃娃／AWABEES

design ✦ 鈴木祥子（Blue＊Blossoms）

繡上國旗&文字

28

❧ 十字繡馬卡龍 ❧

size ✦ 3.5cm／作法 ✦ P.30

整面的英國國旗
&全白布面繡上鮮紅愛心的馬卡龍。

design ✦ Abemari

no.58・no.59背面

繡上四葉草&皇冠

58

59

❧ 格子棉布馬卡龍 ❧

size ✦ 3.5cm／作法 ✦ P.30

以白色繡線在鮮豔的格子棉布繡上雪花結晶，
就成了可愛的馬卡龍。

design ✦ Abemari

60

61

no.60・no.61背面

繡上小小的圖案

P.28・P.29　54至61

58 材料
包釦 直徑3.5cm 2顆
拉鍊 10cm 1條（紅色）
表布 20×15cm
（十字繡專用麻布・1cm約5.5個針目）
鋪棉 8×4cm
裡布（印花布）12×6cm
厚布襯 7×4cm
緞帶 寬0.5cm 3cm
25號繡線（321・BLANC・797）

59 材料
包釦 直徑3.5cm 2顆
拉鍊 10cm 1條（白色）
表布 20×15cm
（十字繡專用麻布・1cm約5個針目）
鋪棉 8×4cm
裡布（印花布）12×6cm
厚布襯 7×4cm
緞帶 寬0.5cm 3cm
25號繡線（321・797）

60 61 材料（1個份）
包釦 直徑3.5cm 2顆
拉鍊 10cm 1條（白色）
表布 20×15cm（格紋布・格子約4mm）
鋪棉 8×4cm
裡布（印花布）12×6cm
厚布襯 7×4cm
緞帶 寬0.5cm 3cm
#20 ABRODER繡線（BLANC）

※繡線為DMC色號，BLANC為白色。

※上排數字代表55・58至61，下排數字代表54・56・57。　※原寸紙型見P.56。

● 作法
完成刺繡後裁剪布料，
拉鍊接縫緞帶和襠布。

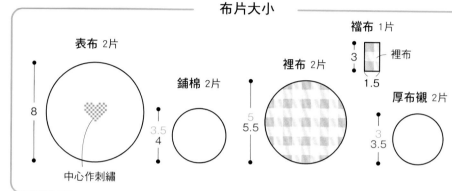

58　　59　　60　　61

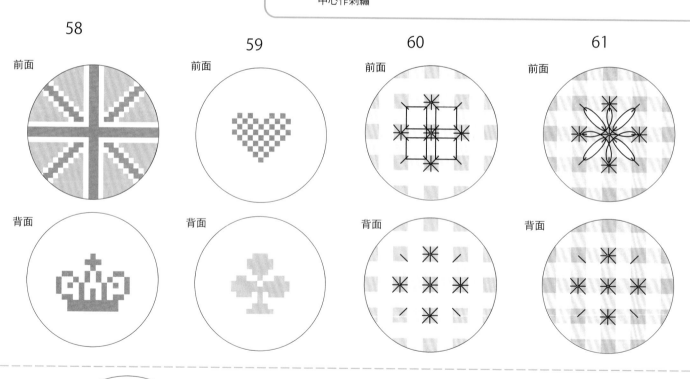

● 作法

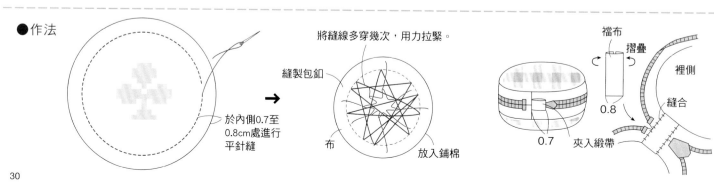

54 56 材料（1個份）
包釦 直徑4cm 2顆
拉鍊 12cm 1條 （54白色・56深咖啡色）
表布 20×15cm（十字繡專用棉布・1cm約7個針目）
鋪棉 9×5cm 厚布襯8×4cm
裡布（印花布）15×7cm
緞帶 寬0.5cm 3cm
單圈 內徑0.8cm 1個
25號繡線
54（606・911・3607・444・948・3031・894・
　　BLANC）
56（824・666・823・3865・3812）

55 材料
包釦 直徑3.5cm 2顆
拉鍊 10cm 1條（白色）
表布 20×15cm
（十字繡專用棉布・1cm約7個針目）
鋪棉 8×4cm
裡布（印花布）12×6cm
厚布襯 7×4cm
緞面緞帶 寬0.4cm 3cm
25號繡線
（606・911・3607・444・948・3031・894・
BLANC）

57 材料
包釦 直徑4cm 2顆
拉鍊 12cm 1條（灰白色）
表布 20×15cm（十字繡專用棉布・
1cm約7個針目）
鋪棉 9×5cm
裡布（印花布）15×7cm
厚布襯 8×4cm
緞面緞帶 寬0.4cm 3cm
單圈 內徑0.8cm 1個
25號繡線
（989・3340・3862）

●作法
完成刺繡後裁剪布料，
拉鍊接縫緞帶和襯布。

54

前面

背面

56

前面

背面

PARIS

55

前面

背面

57

前・背面共用

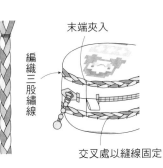
末端夾入
編織三股繡線
交叉處以縫線固定

●安裝拉鍊
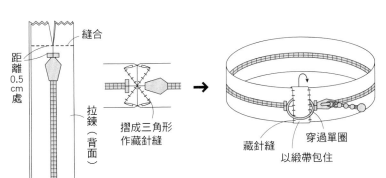
距離0.5cm處
縫合
拉鍊（背面）
摺成三角形作藏針縫
藏針縫
穿過單圈
以緞帶包住

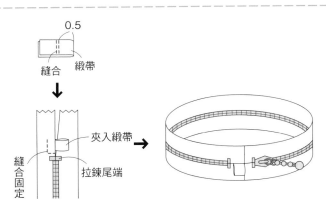
0.5
縫合　緞帶
縫合固定
拉鍊尾端
夾入緞帶

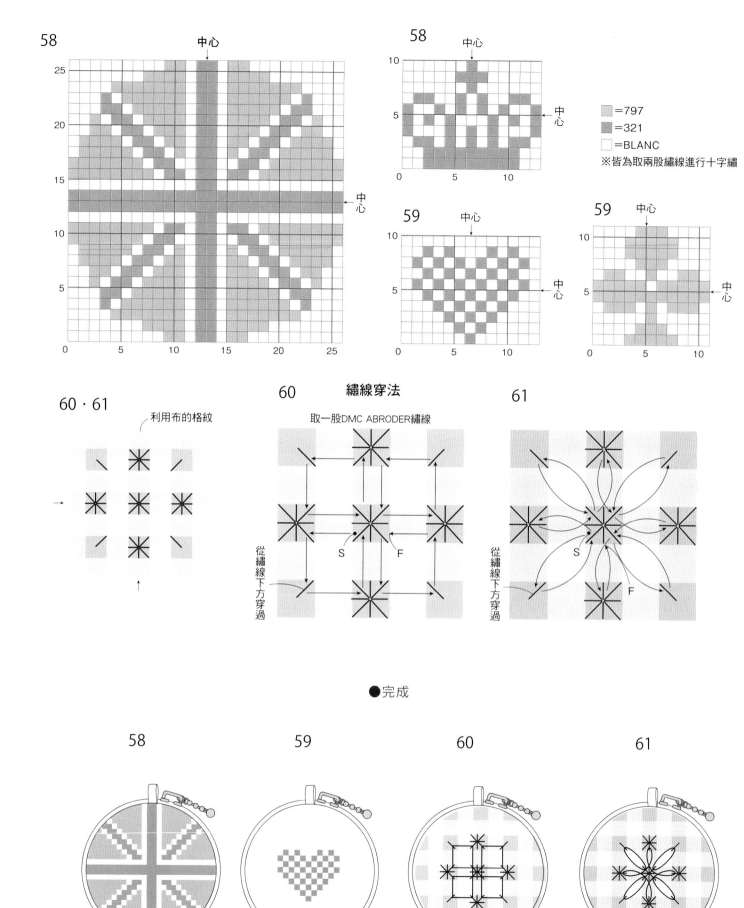

58

中心

25

20

15

中心

10

5

0　　　5　　　10　　　15　　　20　　　25

58

中心

10

5

中心

0　　　5　　　10

＝797
＝321
＝BLANC

※皆為取兩股繡線進行十字繡

59

中心

10

5

中心

0　　　5　　　10

59

中心

10

5

中心

0　　　5　　　10

60 · 61

利用布的格紋

60　　繡線穿法

取一股DMC ABRODER繡線

從繡線下方穿過

S　　F

61

從繡線下方穿過

S　　F

●完成

58　　　　　59　　　　　60　　　　　61

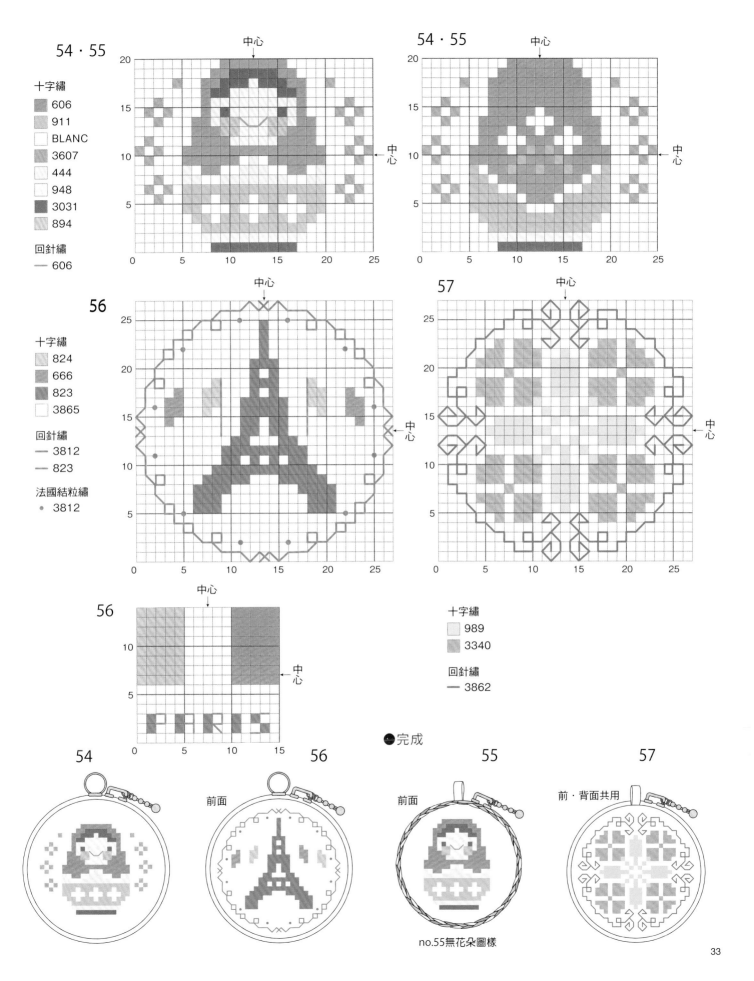

54 · 55

十字繡
■ 606
▨ 911
□ BLANC
▨ 3607
▨ 444
□ 948
■ 3031
▨ 894

回針繡
— 606

54 · 55

56

十字繡
▨ 824
■ 666
■ 823
□ 3865

回針繡
— 3812
— 823

法國結粒繡
● 3812

57

56

十字繡
□ 989
▨ 3340

回針繡
— 3862

●完成

54

56
前面

55
前面

no.55無花朵圖樣

57
前·背面共用

閃亮亮馬卡龍
小收納盒

size　3.5cm／作法　P.35

62

63

64

放進心愛的飾品吧！

馬卡龍上整面縫滿亮晶晶的亮片，
只要掛在包包和手機上，
就讓人覺得心情好好。

no.62・no.63・no.64為
日本鈕釦貿易的材料包

※原寸紙型見P.56。

材料
包釦 直徑3.5cm 2顆
拉鍊 12cm 1條
表布（白色素面）14×7cm
鋪棉12×12cm
裡布（水玉印花布）13×7cm
小圓串珠 220顆
亮片 直徑0.6cm 220個
問號鉤吊飾繩

布片大小

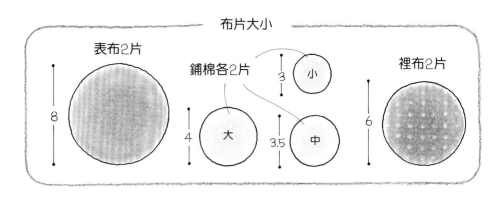

表布2片　鋪棉各2片　裡布2片
小　3　中　3.5　大　4　8　6

● 作法

1 疊合鋪棉＆表布，縫製包釦。

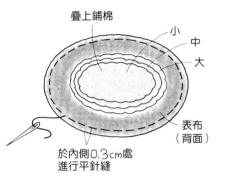

疊上鋪棉
小 中 大
表布（背面）
於內側0.3cm處進行平針縫

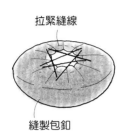

拉緊縫線
縫製包釦

2 裝飾串珠＆亮片。

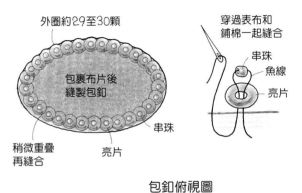

外圈約29至30顆
包裹布片後縫製包釦
串珠
稍微重疊再縫合
亮片

穿過表布和鋪棉一起縫合
串珠
魚線
亮片

包釦俯視圖

中心約1至2顆
9至10顆
14至15顆
20至21顆
27至28顆
29至30顆

3 拉鍊縫成圈狀。

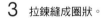
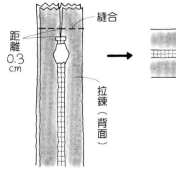

縫合
距離0.3cm
拉鍊（背面）
（背面）
摺成三角形後進行藏針縫

4 裡布包住厚紙板，摺出縫份。

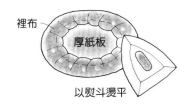

裡布
厚紙板
以熨斗燙平

5 拆掉厚紙板，以藏針縫固定裡布。

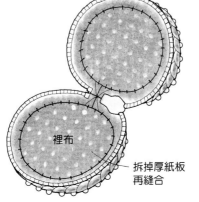

裡布
拆掉厚紙板再縫合

● 完成

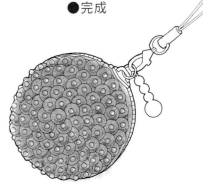

35

✤ 自然風&休閒風
馬卡龍 ✤

size ✦ 65…4cm／66・67…3.5cm
作法 ✦ P.38

no.65於中央加上引人注目的黃花織帶，
no.66則是以自然色布料加上名字縮寫的布標，
還有純白風格的no.67。
加上皮革或配件等小物，
光是鍊條的組合變化也充滿樂趣呢！

design ✦ 久高katsuyo　村上ritsuko（Sewingroom・la・soeur）

65

66

67

維多利亞風
馬卡龍 ❧

size ◈ 70…3.5cm／68‧69…4cm
作法 ◈ P.39

69

68

70

背面

69

68

70

搭配高雅風格的
印花布

利用亮片‧緞帶＆浮雕像等組合出豪華版馬卡龍，
鍊條也裝飾上古典風格的金屬配件和寶石。

design ◈ 久高katsuyo　村上ritsuko（Sewingroom‧la‧soeur）

65 材料
包釦 直徑4cm 2顆
拉鍊 14cm 1條（粉紅色）
表布（條紋布）8×8cm
　　（印花布）8×8cm
鋪棉 16×8cm
裡布（印花布）13×7cm
厚布襯 9×5cm
蕾絲 寬1cm 12cm
織帶 寬0.8cm 6cm
鍊條 8.5cm 單圈3個
金屬配件 2個 皮革配件 1個
問號鉤吊飾繩

67 材料
包釦 直徑3.5cm 2顆
拉鍊 12cm 1條（灰白色）
表布（白色素面）7×7cm
　　（印花布）7×7cm
鋪棉 14×7cm
裡布（印花布）12×6cm
厚布襯 8×4cm
鍊條 7.5cm 單圈4個
蕾絲織片 直徑3cm 4片
金屬配件 3個
問號鉤吊飾繩

66 材料
包釦 直徑3.5cm 2顆
拉鍊 12cm 1條（米白色）
表布（素色麻布）7×7cm
　　（麻質印花布）7×7cm
鋪棉 14×7cm
裡布（印花布）12×6cm
厚布襯 8×4cm
鍊條8cm 單圈4個
金屬配件1個 毛氈球2顆
織帶 寬1cm 7cm 蕾絲 寬1.3 cm 7cm
英文縮寫布標3cm 皮革配件1個
25號繡線（紅色）
問號鉤吊飾繩

※上排數字代表65・68・69，下排數字代表66・67・70。　※原寸紙型見P.56。

布片大小

表布2片・鋪棉2片

裡布2片

厚布襯2片

7
6

5.5
5

4
3.5

●作法

將表布安裝緞帶後縫製包釦，
配件穿過單圈掛上鍊條。
其他作法同P.10。

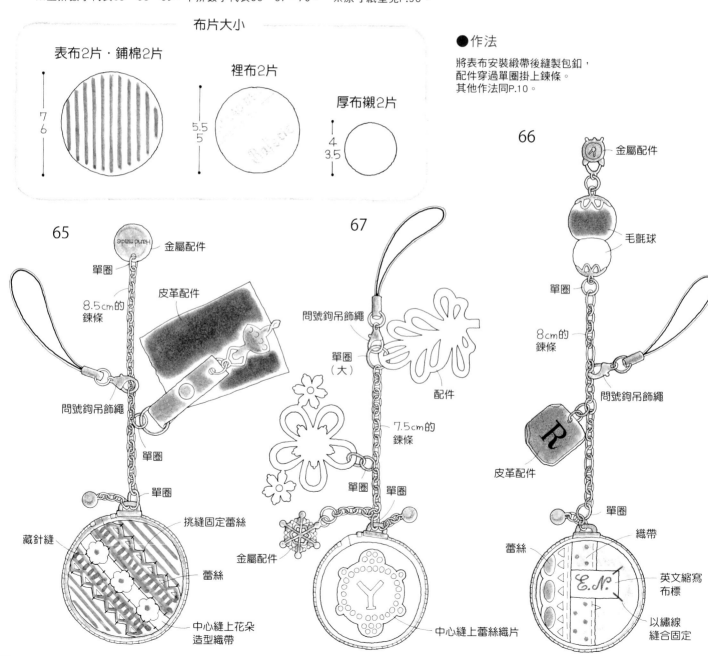

38

70 材料
直徑3.5cm包釦 2顆
拉鍊12cm 1條（黑色）
表布（藍紫色・紫色天鵝絨）各4×7cm
　　（印花布）7×7cm
鋪棉 14×7cm
裡布（印花布）12×6cm
厚布襯 8×4cm
鍊條7cm　單圈6個
金屬配件 3個　浮雕片 1個
織帶　寬0.7cm 7cm
小圓串珠（黃綠色）4顆　（水藍色）適量
問號鉤吊飾繩

68 材料
包釦　直徑4cm 2顆
拉鍊 14cm 1條（胭脂紅色）
表布（黑色天鵝絨）8×8cm
　　（印花布）8×8cm
鋪棉 16×8cm
裡布（印花布）13×7cm
厚布襯 9×5cm
緞帶　寬0.6cm 8cm（B）
絨布緞帶　寬1cm 7cm（A）
花朵造型織帶 8cm
鍊條8.5cm　單圈4個
金屬配件 2個
小圓串珠（紅色）3顆　（粉紅色）17顆
問號鉤吊飾繩

69 材料
包釦　直徑4cm 2顆
拉鍊14cm 1條（黑色）
表布（身體圖案印花布）8×8cm
　　（印花布）8×8cm
鋪棉16×8cm
裡布（印花布）13×7cm
厚布襯 9×5cm
串珠・亮片適量
鍊條7.5cm　單圈5個
金屬配件3個
珠鍊 2.5cm
圓角珠1顆　T針1支
問號鉤吊飾繩

●作法

拼接布料後縫製包釦，再加上裝飾串珠和緞帶，配件穿過單圈後掛上鍊條。
其他作法同P.10。no.69則配合印花圖案加上裝飾。

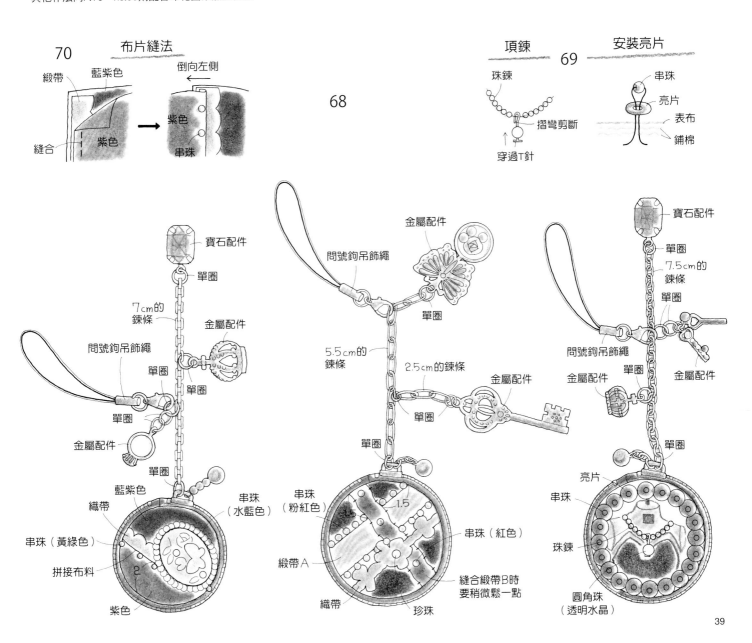

71

72

no.71・no.72
背面

有著短短腳 &
圓圓尾巴的可愛背影

no.71・no.72
裡側

打開拉鍊為心形貼布

不織布動物
圖案馬卡龍

size ◆ 71・72・74…3.5cm／73…4cm

作法 ◆ P.42

有著開朗表情的熊貓・兔子&貓咪馬卡龍，超級吸睛！
可愛瓢蟲吊飾還加上不織布製作的幸運草配件喔！

design ◆ 松田惠子

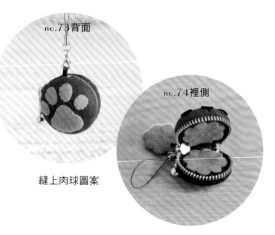

no.73背面

no.74裡側

縫上肉球圖案

瓢蟲的裡布貼縫幸運草

73

74

不織布包包／
AWABEES

✤ 水果馬卡龍 ✤

size ✦ 3.5cm／作法 ✦ P.45

將橘子和蘋果的剖面花樣作成
獨一無二的馬卡龍，
充滿著朝氣的鮮豔維他命色系
也是視覺重點喔！

design ✦ 大和Chihiro

75

76

✤ 甜點馬卡龍 ✤

size ✦ 3.5cm／作法 ✦ P.44

加上奶油花和草莓或小花
變化組合的馬卡龍，
最大的魅力就在不織布蓬蓬的
質感和可愛的顏色。

design ✦ 大和Chihiro

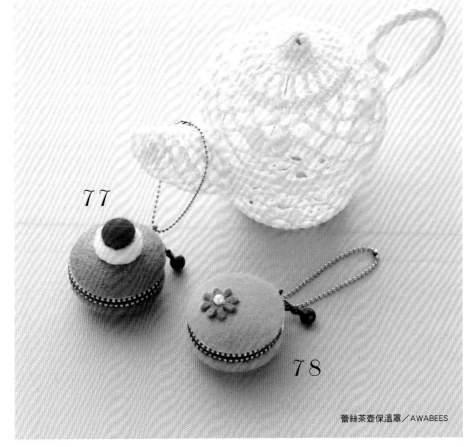

77

78

蕾絲茶壺保溫罩／AWABEES

※圓布片原寸紙型見P.56。

72 材料
包釦 直徑3.5cm 2顆
拉鍊 10cm 1條（淺粉紅色）
表布用不織布（淺粉紅色）20×10cm
裡布用不織布（粉紅色）8×8cm
鋪棉 8×4cm
黑色串珠 直徑0.3cm 2顆
緞帶1cm・0.3cm各3cm
25號繡線（紅色・淺粉紅色）
問號鉤吊飾繩

71 材料
包釦 直徑3.5cm 2顆
拉鍊10cm 1條（黑色）
表布用不織布（白色）14×7cm
　　　　　　　（黑色）10×5cm
裡布用不織布（紅色）6×3cm
鋪棉 8×4cm
黑色串珠 直徑0.3cm 2顆
緞帶1cm・0.3cm各3cm
25號繡線（黑色）
問號鉤吊飾繩

74 材料
包釦 直徑3.5cm 2顆
拉鍊10cm 1條（紅色）
表布・裡布用不織布（紅色）7×5cm
　　　　　　　　　（黑色）10×10cm
　　　　　　　　　（綠色）12×12cm
鋪棉 8×4cm
緞帶1cm・0.3cm各3cm
25號繡線（黑色・綠色）
蠟繩 粗0.1cm（黑色・綠色）各少許
問號鉤吊飾繩

73 材料
包釦 直徑4cm 2顆
拉鍊12cm 1條（藍色）
表布・裡布用不織布（藍色）20×10cm
　　　　　　　　　（水藍色）5×5cm
　　　　　　　　　（黃色）5×5cm
　　　　　　　　　（橘色）5×5cm
鋪棉 10×5cm
緞帶1cm・0.3cm各3cm
25號繡線（咖啡色・水藍色・黃色）
問號鉤吊飾繩

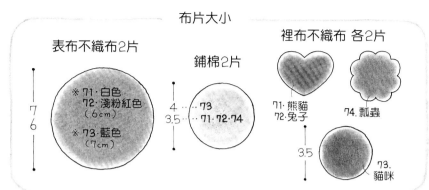
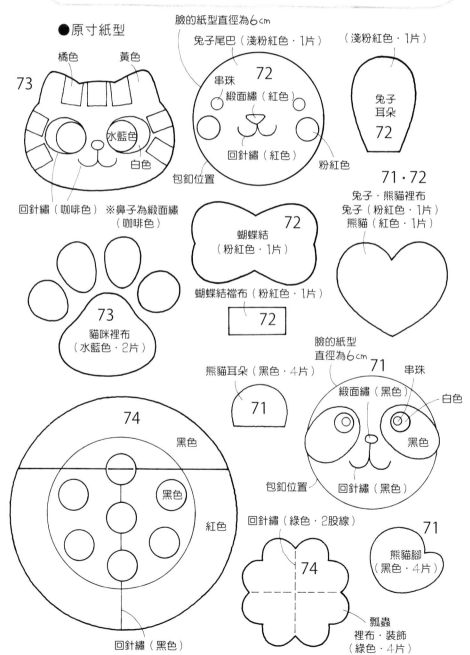

42

1 拼接布片。

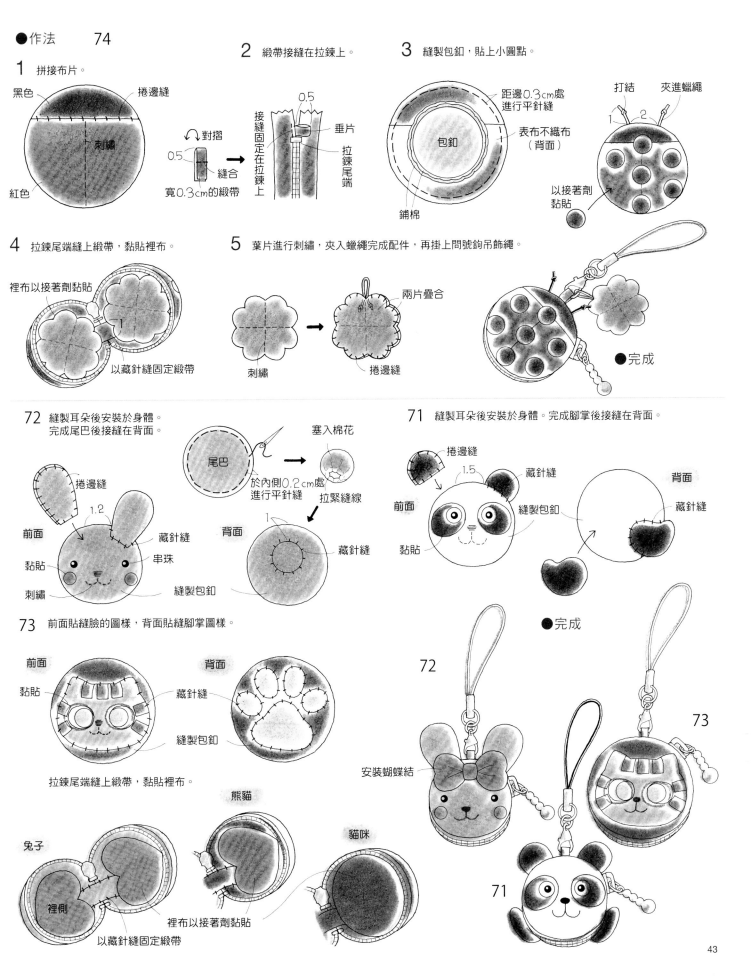

黑色

捲邊縫

刺繡

紅色

2 緞帶接縫在拉鍊上。

0.5

對摺

0.5

縫合

寬0.3cm的緞帶

接縫固定在拉鍊上

垂片

拉鍊尾端

3 縫製包釦，貼上小圓點。

距邊0.3cm處進行平針縫

包釦

表布不織布（背面）

鋪棉

打結　　夾進蠟繩

1　　2

以接著劑黏貼

4 拉鍊尾端縫上緞帶，黏貼裡布。

裡布以接著劑黏貼

以藏針縫固定緞帶

5 葉片進行刺繡，夾入蠟繩完成配件，再掛上問號鉤吊飾繩。

兩片疊合

刺繡

捲邊縫

●完成

72 縫製耳朵後安裝於身體。完成尾巴後接縫在背面。

捲邊縫

前面

黏貼

刺繡

1.2

藏針縫

串珠

縫製包釦

尾巴

塞入棉花

於內側0.2cm處進行平針縫

拉緊縫線

背面

1

藏針縫

71 縫製耳朵後安裝於身體。完成腳掌後接縫在背面。

捲邊縫

前面

1.5

藏針縫

縫製包釦

黏貼

背面

藏針縫

●完成

73 前面貼縫臉的圖樣，背面貼縫腳掌圖樣。

前面

黏貼

背面

藏針縫

縫製包釦

拉鍊尾端縫上緞帶，黏貼裡布。

兔子

裡側

熊貓

裡布以接著劑黏貼

以藏針縫固定緞帶

貓咪

72

安裝蝴蝶結

73

71

※原寸紙型見P.56。

77 材料
包釦 直徑3.5cm 2顆
拉鍊10cm 1條（白色）
表布用不織布（粉紅色）4×7cm
裡布・裝飾用不織布（白色）8×8cm
　　　　　　　　　（紅色）3×3cm
鋪棉 8×4cm
25號繡線（紅色・白色・粉紅色）
珠鍊吊飾

78 材料
包釦 直徑3.5cm 2顆
拉鍊10cm 1條（白色）
表布用不織布（翡翠綠色）14×7cm
裡布用不織布（白色）7×4cm
　　　　　　　　（粉紅色）2×2cm
鋪棉 8×4cm
珍珠 直徑0.5cm 1顆
珠鍊吊飾

布片大小

表布不織布2片　5.5

鋪棉2片　3.5

裡布不織布2片　3

●作法

1　縫製包釦。

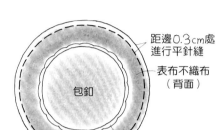

距邊0.3cm處
進行平針縫

表布不織布
（背面）

包釦

鋪棉

2　黏貼緞帶&裡布。

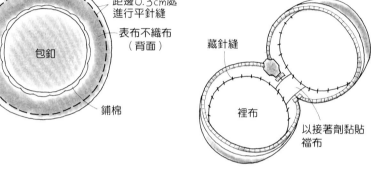

藏針縫

裡布

以接著劑黏貼
襠布

3　縫製馬卡龍裝飾。

77

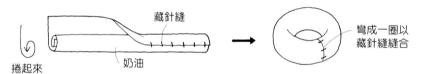

藏針縫

捲起來

奶油

彎成一圈以
藏針縫縫合

草莓

距邊0.2cm處
進行平針縫

塞入棉花

拉緊縫線

4　將作好的裝飾縫在包釦上。

●完成

77

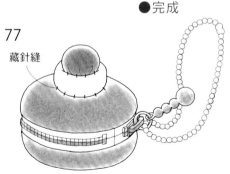

藏針縫

●原寸紙型

77
奶油（白色・1片）

草莓
（紅色・1片）
77

小花（粉紅色・1片）

77・78

襠布（白色・各1片）

78

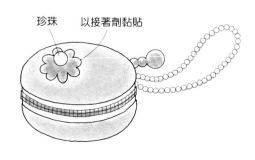

珍珠

以接著劑黏貼

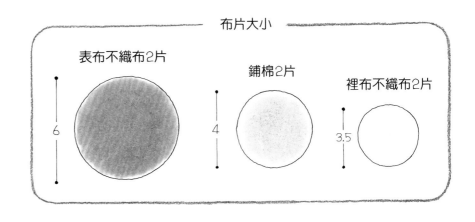

布片大小

表布不織布2片　6

鋪棉2片　4

裡布不織布2片　3.5

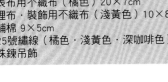

75 材料
包釦 直徑4cm 2顆
拉鍊12cm 1條（白色）
表布用不織布（橘色）20×7cm
裡布・裝飾用不織布（淺黃色）10×8cm
鋪棉 9×5cm
25號繡線（橘色・淺黃色）
珠鍊吊飾

76 材料
包釦 直徑4cm 2顆
拉鍊12cm 1條（白色）
表布用不織布（橘色）20×7cm
裡布・裝飾用不織布（淺黃色）10×8cm
鋪棉 9×5cm
25號繡線（橘色・淺黃色・深咖啡色）
珠鍊吊飾

75　●作法　於不織布上黏貼圖案，縫製包釦。

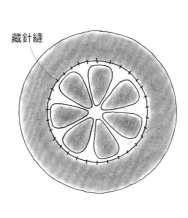

藏針縫

●原寸紙型

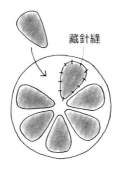

75　橘色
橘色
淺黃色

76　●作法　於不織布上黏貼圖案，縫製包釦，再黏貼葉子。

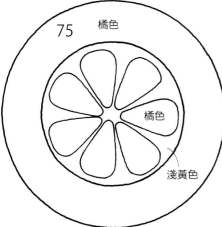

直線繡（深咖啡色）（4股線）（2股線）
76
淺黃色
雛菊繡（深咖啡色・1股線）
紅色

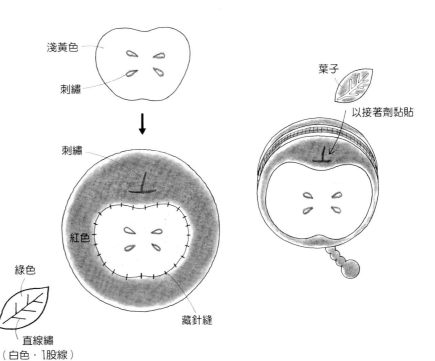

淺黃色
刺繡
刺繡
紅色
綠色
藏針縫
葉子
以接著劑黏貼
直線繡（白色・1股線）

45

❧ 縮緬布馬卡龍 ❧

size ✦ 3.5cm／作法 ✦ P.48

象徵幸運的烏龜‧貓頭鷹&兔子造型的馬卡龍，
可愛的表情超有療癒效果呢！

79

80

81

82

83

84

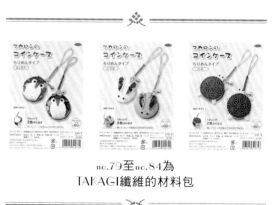

no.79至no.84為
TAKAGI纖維的材料包

❧ 四季花朵馬卡龍 ❧

size ✦ 4cm／作法 ✦ P.50

no.85是油菜花，no.86是牽牛花，
還有no.87的菊花與no.88的山茶花。
代表四季花朵變化組合成和風馬卡龍吊飾，
可以隨著季節來搭配使用喔！

design ✦ KomoriKatsuko

85

87

86

88

裡側

搭配優雅色調的和布

81‧84 材料（1個份）
包釦 直徑4cm 2顆
拉鍊12cm 1條（白色）
表布（單色縮緬布）17×13cm
裡布（紅色縮緬布）12×12cm
耳朵（圖樣縮緬布）7×4cm
眼珠（紅色）直徑0.3cm 2顆
尾巴 直徑0.8cm 1個
厚紙板 直徑3.5cm 2片
雙面膠 適量
吊飾繩 1條

79‧82 材料（1個份）
包釦 直徑4cm 2顆
拉鍊12cm 1條（白色）
表布（圖樣縮緬布）17×8cm
裡布（紅色縮緬布）12×12cm
頭&手腳（杏色縮緬布）12×11cm
眼珠（黑色）直徑0.25cm 2顆
厚紙板 直徑3.5cm 2片
雙面膠 適量
吊飾繩 1條

80‧83 材料（1個份）
包釦 直徑4cm 2顆
拉鍊12cm 1條（白色）
表布（圖樣縮緬布）21×8cm
別布A（杏色縮緬布）8×6cm
別布B（白色縮緬布）5×3cm
不織布（橘色）3×3cm
裡布（紅色縮緬布）12×12cm
眼珠（黑色）直徑0.4cm 2顆
厚紙板 直徑3.5cm 2片
雙面膠 適量
吊飾繩 1條

※眼睛也可以串珠代替。
※紙型皆不含縫份。

●作法

1 縫製包釦作出身體。

2 裡布包住厚紙板縮縫。

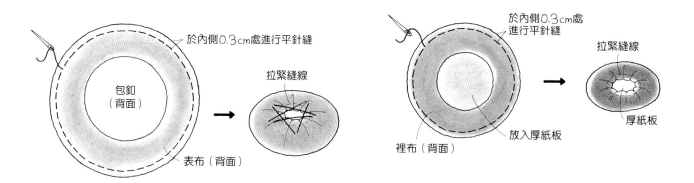

3 在兩片布中間整面黏貼雙面膠，剪下耳朵形狀。
貼上內耳後，再和尾巴‧眼睛黏貼於身體。

81

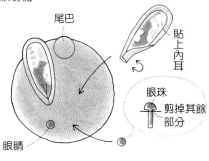

79 在兩片布中間整面黏貼雙面膠，裁剪頭&手腳。
黏貼於身體。

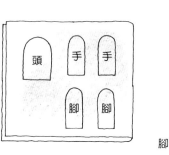

80 在兩片布中間黏貼雙面膠後，裁剪頭部。
分別裁剪腹部‧眼白‧鳥喙，黏貼於身體。

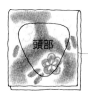

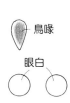

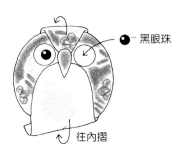

4 拉鍊縫製成圈狀，固定於包釦。　　　　**5** 黏貼裡布，掛上吊繩。

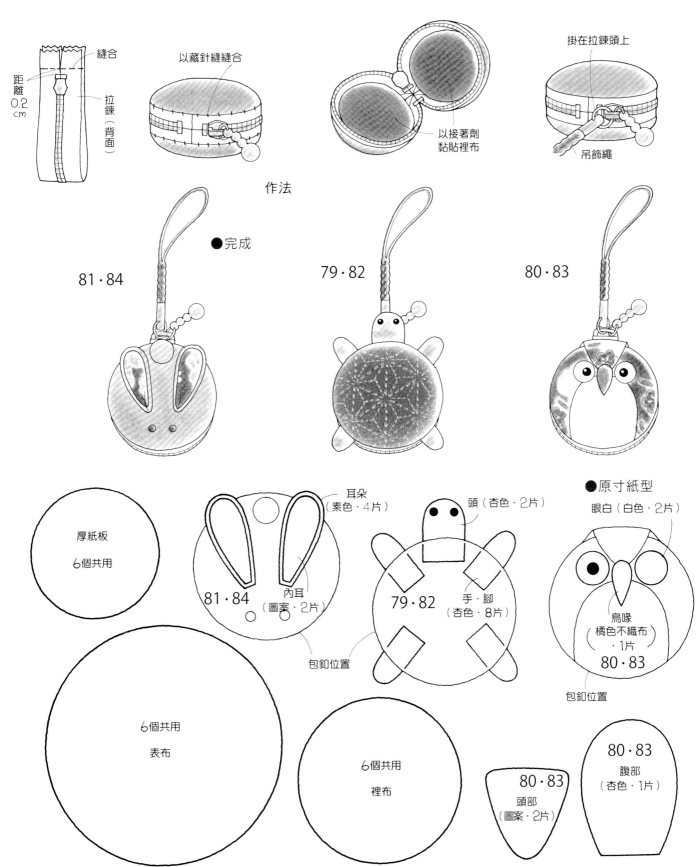

縫合
距離
0.2
cm
拉鍊（背面）

以藏針縫縫合

掛在拉鍊頭上

以接著劑
黏貼裡布

吊飾繩

作法

●完成

81・84

79・82

80・83

厚紙板
6個共用

81・84

耳朵
（素色・4片）

內耳
（圖案・2片）

包釦位置

頭（杏色・2片）

79・82

手・腳
（杏色・8片）

●原寸紙型

眼白（白色・2片）

鳥喙
橘色不織布
・1片

80・83

包釦位置

6個共用
表布

6個共用
裡布

80・83
頭部
（圖案・2片）

80・83
腹部
（杏色・1片）

※原寸紙型見P.56。

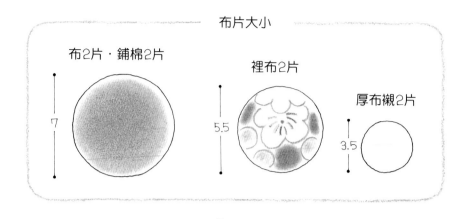

布片大小

布2片‧鋪棉2片

7

裡布2片

5.5

厚布襯2片

3.5

85 材料
包釦 直徑4cm 2顆
拉鍊12cm 1條（黑色）
表布（深綠色絹布）16×8cm
花朵用縐縈縮緬布
（黃色2款）各5×10cm
鋪棉16×8cm
裡布（印花棉布）13×7cm
厚布襯8×4cm

86 材料
包釦 直徑4cm 2顆
拉鍊12cm 1條（白色）
表布（白色絹布）16×8cm
花朵用縐縈縮緬布
（藍色‧綠色）各8×3cm
（水藍色）8c×3cm
鋪棉16×8cm
裡布（圖案絹布）13×7cm
厚布襯8×4cm
小圓串珠1顆（黃色）

87 材料
包釦 直徑4cm 2顆
拉鍊12cm 1條（淺咖啡色）
表布（土黃色絹布）16×8cm
裝飾用縐縈縮緬布
（粉紅色‧水藍色‧紫色‧黃色‧綠色）
各4×2cm
鋪棉16×8cm
裡布（印花棉布）15×7cm
厚布襯8×4cm

88 材料
包釦 直徑4cm 2顆
拉鍊12cm 1條（深咖啡色）
表布（咖啡色絹布）16×8cm
花朵用縐縈縮緬布
（紅色）8×8cm（綠色）3×3cm
（白色）4×2cm（黃色）2×1cm
鋪棉16×8cm
裡布（印花棉布）15×7cm
厚布襯8×4cm

●作法

1　拉鍊縫成圈狀。

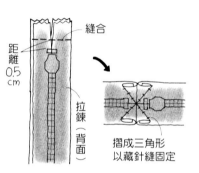

縫合
距離0.5cm
拉鍊（背面）
摺成三角形
以藏針縫固定

2　縫製包釦，固定裡布。

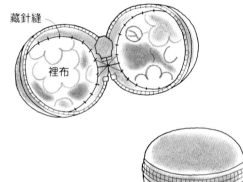

藏針縫
裡布

3　裁剪花朵。分成一片縮緬布&兩片縮緬布，依需求裁剪。

一片縮緬布

縮緬布
噴膠

兩片縮緬布黏合

以接著劑黏貼
兩片縮緬布

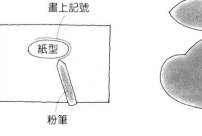

畫上記號
紙型
粉筆

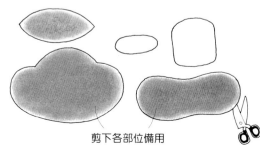

剪下各部位備用

85 油菜花　將打孔機剪下的花瓣黏貼於包釦。

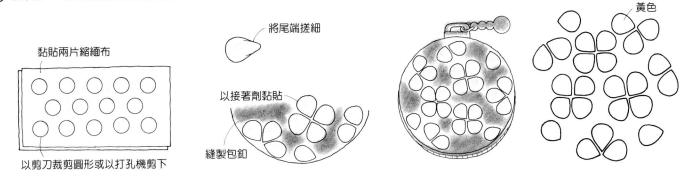

黏貼兩片縮縐布
以剪刀裁剪圓形或以打孔機剪下
將尾端搓細
以接著劑黏貼
縫製包釦
黃色

86 牽牛花　重疊黏貼花瓣。依照葉子、花瓣的順序黏貼於包釦。

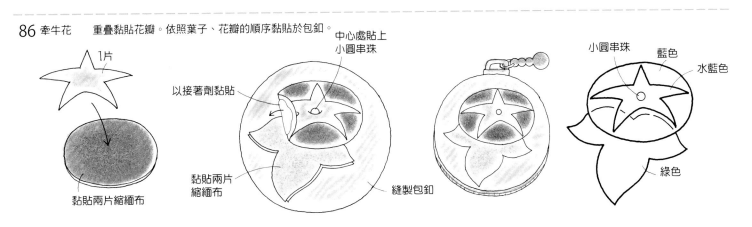

1片
以接著劑黏貼
黏貼兩片縮縐布
黏貼兩片縮縐布
中心處貼上小圓串珠
縫製包釦
小圓串珠
藍色
水藍色
綠色

87 菊花　於花片上剪牙口攤開，黏貼於包釦。

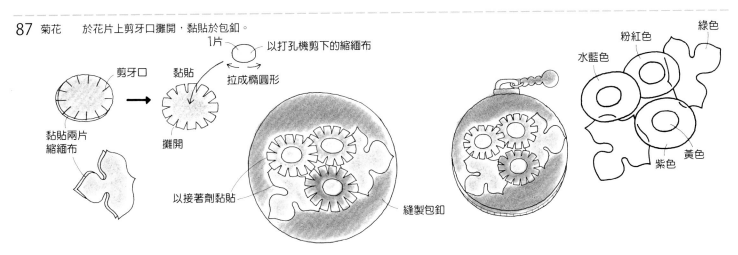

1片
以打孔機剪下的縮縐布
拉成橢圓形
剪牙口
黏貼
攤開
黏貼兩片縮縐布
以接著劑黏貼
縫製包釦
水藍色
粉紅色
綠色
紫色
黃色

88 山茶花　作成花朵後黏貼於包釦。

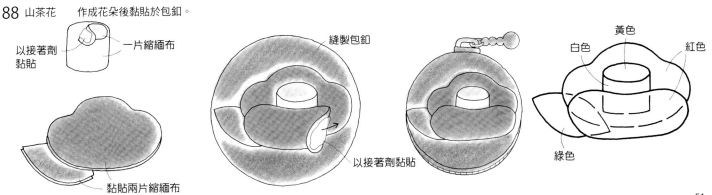

以接著劑黏貼
一片縮縐布
黏貼兩片縮縐布
縫製包釦
以接著劑黏貼
白色
黃色
紅色
綠色

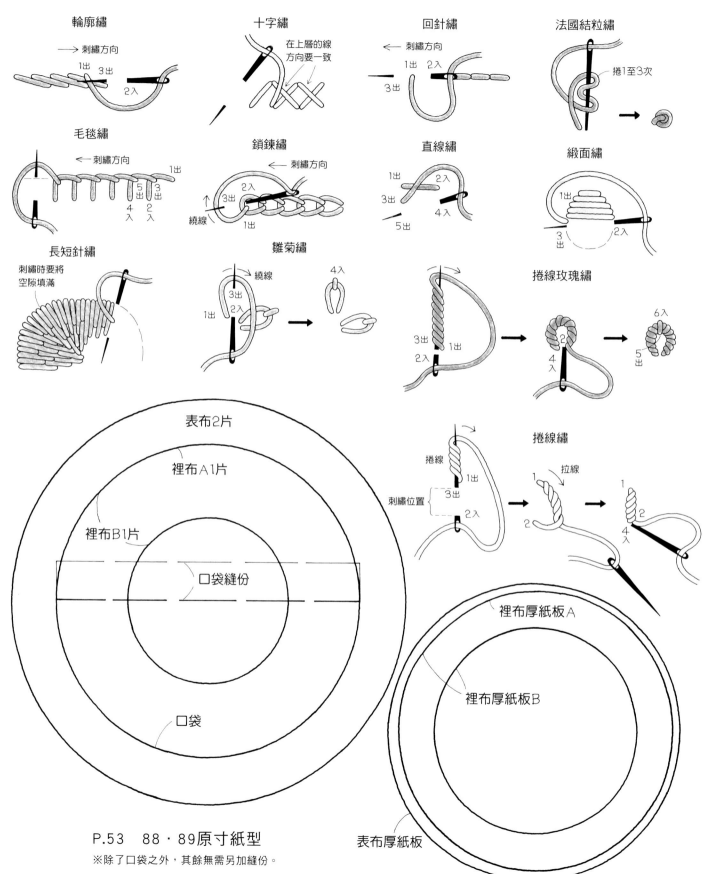

輪廓繡

→ 刺繡方向

1出　3出

2入

十字繡

在上層的線方向要一致

回針繡

← 刺繡方向

1出　2入

3出

法國結粒繡

捲1至3次

→

毛毯繡

← 刺繡方向

1出

5出　3出

4入　2入

鎖鍊繡

← 刺繡方向

2入

3出

↑

繞線　1出

直線繡

1出　2入

3出

4入

5出

緞面繡

1出

3出　2入

長短針繡

刺繡時要將空隙填滿

雛菊繡

繞線

3出

1出　2入

4入

→

捲線玫瑰繡

3出　1出

2入

→

2入

4入

→

6入

5出

表布2片

裡布A1片

裡布B1片

口袋縫份

口袋

捲線繡

捲線

1出

刺繡位置　3出

2入

→

拉線

1

2

→

1

2

4入

裡布厚紙板A

裡布厚紙板B

表布厚紙板

P.53　88・89原寸紙型

※除了口袋之外，其餘無需另加縫份。

52

❧ 連鏡小吊飾 ❧

size ✦ 8cm／作法 ✦ P.54

使用約8cm大小的厚紙作的連鏡小吊飾。
表面加上了可愛的蝴蝶結緞帶，
裡側還有鏡子，是很時髦的小配件。

89

包包／AWABEES

裡側

附鏡子&小口袋

90

no.89．no.90為TAKAGI
纖維的材料包

53

P.53　89・90

●裁布圖

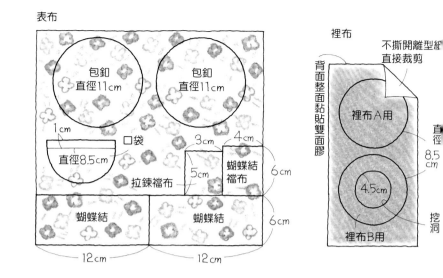

材料（1個份）
厚紙板 直徑7.8cm・7.3cm各2片
拉鍊25cm 1條（白色）
表布（印花布）24×26cm
裡布（素色）22×11cm
繫繩 寬0.5cm 40cm
海綿 厚1cm 直徑7.8cm 2片
鏡子 直徑6cm
珠鍊15cm
單圈 直徑0.7cm 1個
雙面膠

※原寸紙型見P.52。

表布

包釦
直徑11cm

包釦
直徑11cm

1cm

口袋
直徑8.5cm

3cm　4cm

拉鍊襠布

5cm

蝴蝶結
襠布

6cm

蝴蝶結

蝴蝶結

6cm

12cm　　12cm

裡布

不撕開離型紙
直接裁剪

背面整面黏貼雙面膠

裡布A用

直徑
8.5
cm

裡布B用

4.5cm

挖洞

●作法

1 厚紙板黏貼海綿。以布片包住後縫製兩顆包釦。

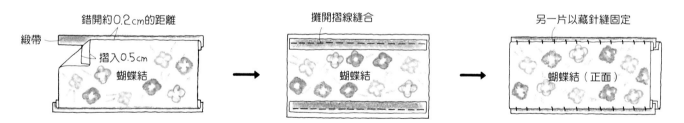

直徑7.8cm的
厚紙板

海綿

以接著劑
黏貼

厚紙板

於內側0.3cm處
進行平針縫

表布（背面）

海綿在下面

包釦

拉緊縫線

×2個

2 蝴蝶結放在緞帶上縫合，再疊合另一片後縫合。

錯開約0.2cm的距離

緞帶

摺入0.5cm

蝴蝶結

攤開摺線縫合

蝴蝶結

另一片以藏針縫固定

蝴蝶結（正面）

3 對摺襠布包捲在蝴蝶結上，以藏針縫固定。多餘的布邊摺入包釦內側縫合。

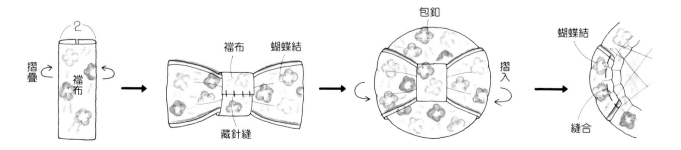

2

摺疊

襠布

襠布　蝴蝶結

藏針縫

包釦

摺入

蝴蝶結

縫合

4 裡布A包住厚紙板後黏貼。摺疊口袋口後縫合，放在裡布A上，黏貼縫份處。

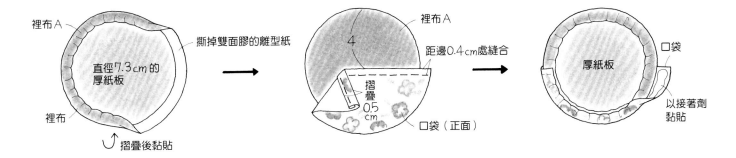

裡布A
裡布
直徑7.3cm的厚紙板
↰ 摺疊後黏貼
撕掉雙面膠的離型紙

裡布A
4
距邊0.4cm處縫合
摺疊0.5cm
口袋（正面）

厚紙板
口袋
以接著劑黏貼

5 黏貼裡布B與厚紙板，裡圈剪牙口後往內摺並黏貼。貼上鏡子，繫繩打成蝴蝶結後固定。

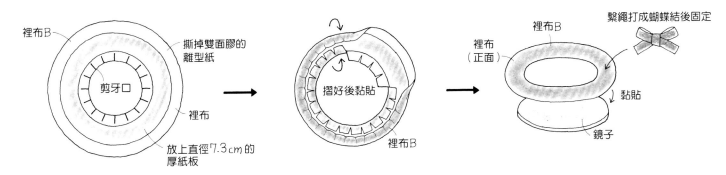

裡布B
剪牙口
撕掉雙面膠的離型紙
裡布
放上直徑7.3cm的厚紙板

摺好後黏貼
裡布B

裡布B
裡布（正面）
繫繩打成蝴蝶結後固定
黏貼
鏡子

6 拉鍊縫成圈狀，熨開縫份後縫合。

裁剪拉鍊布至0.5cm處
距離0.2cm
拉鍊（背面）

熨開縫份後縫合
（背面）

7 摺疊拉鍊襠布後接縫於拉鍊。

摺疊0.5cm
拉鍊襠布

摺疊襠布
（背面）
藏針縫
拉鍊襠布

●完成

8 縫合拉鍊&包釦。
黏貼裡布A&裡布B。

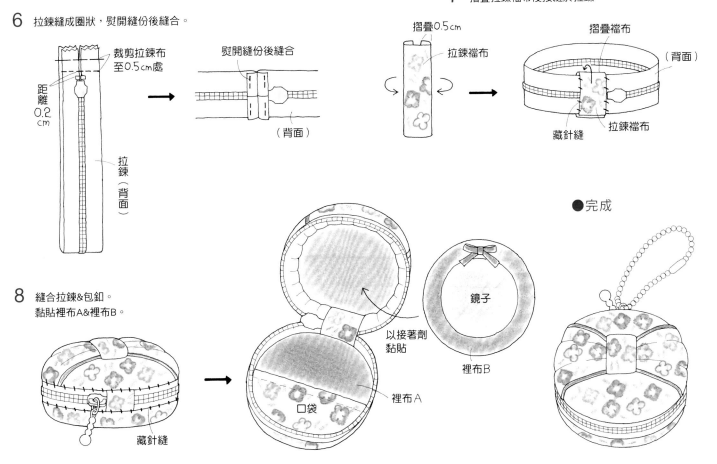

藏針縫

以接著劑黏貼
口袋
裡布A

鏡子
裡布B

●馬卡龍紙型

以下是本書使用的馬卡龍紙型，請影印後黏貼於厚紙板，再裁剪使用。

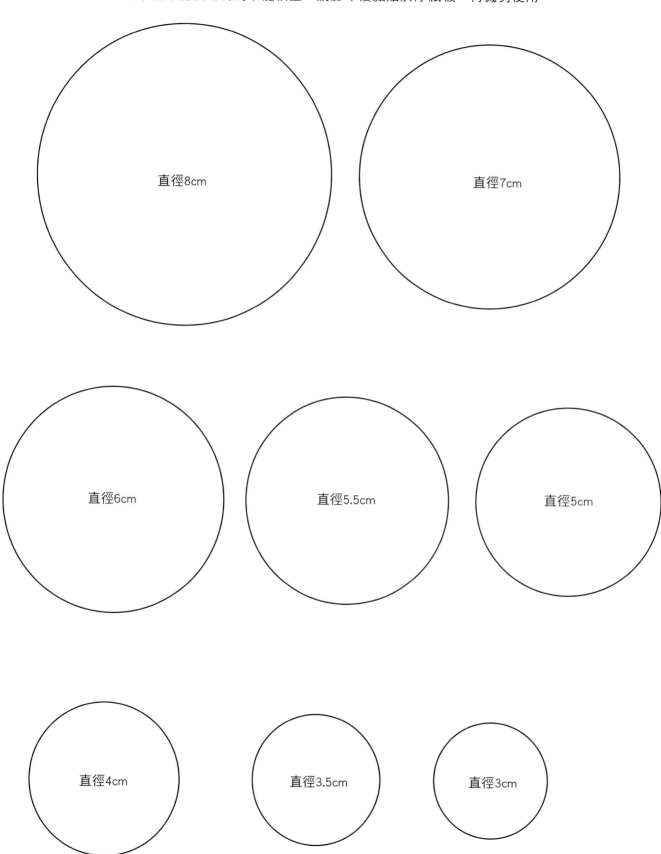

直徑8cm

直徑7cm

直徑6cm

直徑5.5cm

直徑5cm

直徑4cm

直徑3.5cm

直徑3cm

超夯手作！I LOVE Macarons
大人小孩都會縫の90款馬卡龍可愛吊飾（暢銷版）

作　　　者／BOUTIQUE-SHA
譯　　　者／莊琇雲
發 行 人／詹慶和
總 編 輯／蔡麗玲
執行編輯／陳姿伶
編　　　輯／蔡毓玲·劉蕙寧·黃璟安·白宜平·李佳穎
封面設計／陳麗娜
美術編輯／周盈汝·翟秀美·韓欣恬
內頁排版／造極
出 版 者／Elegant-Boutique新手作
發 行 者／悅智文化事業有限公司
郵撥帳號／19452608
戶　　　名／悅智文化事業有限公司
地　　　址／新北市板橋區板新路206號3樓
網　　　址／www.elegantbooks.com.tw
電子郵件／elegant.books@msa.hinet.net
電　　　話／(02) 8952-4078
傳　　　真／(02) 8952-4084

2015年12月二版一刷　定價240元

Lady Boutique Series　No.3366
MACAROON STRAP
Copyright © 2012 BOUTIQUE-SHA
All rights reserved.
Original Japanese edition published in Japan by BOUTIQUE-SHA.
Chinese (in complex character) translation rights arranged with BOUTIQUE-SHA
through KEIO CULTURAL ENTERPRISE CO., LTD.

經銷／高見文化行銷股份有限公司
地址／新北市樹林區佳園路二段70-1號
電話／0800-055-365
傳真／(02)2668-6220

國家圖書館出版品預行編目(CIP)資料

超夯手作！I LOVE Macarons：大人小孩都會縫の90
款馬卡龍可愛吊飾 / Boutique-Sha著；莊琇雲譯.
-- 二版. -- 新北市：新手作出版：悅智文化發行,
2015.12
　　面；　　公分. -- (趣·手藝；02)
ISBN 978-986-92077-7-5 (平裝)

1.手工藝 2.裝飾品

426.77　　　　　　　　　　　　　　　104026910

趣·手藝 13

動手作好好玩の56款寶貝
の玩具：不織布、五樣溫
一黏貼布：生活素材大變
身！
BOUTIQUE-SHA◎著
定價280元

趣·手藝 14

隨手可摺紙雜貨：75招超
便利回收紙應用提案
BOUTIQUE-SHA◎著
定價280元

趣·手藝 15

超萌手作！歡迎光臨黏土
動物園挑戰可愛橡膠的居
家實用小物65款
幸福豆手創館（胡瑞娟 Regin）◎著
定價280元

趣·手藝 16

166枚好感系一超簡單創
意剪紙圖案集：摺1摺！
開！完美剪紙3 Steps
室岡昭子◎著
定價280元

趣·手藝 17

可愛又華麗的俄羅斯娃娃＆
動物玩偶：繪本風の不織布
創作
北向邦子◎著
定價280元

趣·手藝 18
玩不織布扮家家酒！
在家自己作12間超人氣甜
點屋＆西餐廳＆壽司店的
50道美味料理
BOUTIQUE-SHA◎著
定價280元

趣·手藝 19

文具控最愛的手工立體卡片
超簡單！看圖就會作！
祝福不打烊！送出卡·生
日卡·節慶卡自己一手搞
定！
鈴木孝美◎著
定價280元

趣·手藝 20

初學者ok啦！一起來作36
隻超萌の串珠小鳥
市川ナツミ◎著
定價280元

趣·手藝 21

超可愛雜貨FU！文具控＆手作
迷一看就想刻的とみこ橡皮章
皮章手作創意刻印＆玩美
小物＆雜貨風裝飾
とみこはん◎著
定價280元

趣·手藝 22
馬·貼·縫！88款不織布の
季節布置小物
BOUTIQUE-SHA◎著
定價280元

趣·手藝 23

Bonjour！可愛喲！超簡單
巴黎風黏土小旅行
旅行·甜點·娃娃·雜貨
女孩最愛的造型黏土
BOOK
蔡青芬◎著
定價320元

趣·手藝 24

macaron可愛進化！
布作×刺繡·手作56款超
人氣花式馬卡龍吊飾
BOUTIQUE-SHA◎著
定價280元

趣·手藝 25

「布」一樣的可愛！26個り
奶意的布盒 完美收納膠
帶＆桌上小物
BOUTIQUE-SHA◎著
定價280元

趣·手藝 26

So yummy!甜在心黏土蛋
糕揉一揉·捏一捏·我也是
甜心糕點大師！（暢銷新裝
版）
幸福豆手創館（胡瑞娟 Regin）
◎著
定價280元

趣·手藝 27
紙の創意！一起來作75道
簡單又好玩的摺紙甜點
料理
BOUTIQUE-SHA◎著
定價280元

趣·手藝 28

活用度100％！500枚橡皮
章日日刻
BOUTIQUE-SHA◎著
定價280元

趣·手藝 29

nap's小可愛手作帖 小
玩皮！雜貨控の手縫皮革
小物
長崎優子◎著
定價280元

趣·手藝 30

女人的夢幻手作！光澤紙
超優雅·一眼就愛上的甜
點黏土飾品37款
河出書房新社編輯部◎著
定價300元

趣·手藝 31

心意·造型·色彩all in
one 一次學會緞帶·紙張
の包裝設計24招！
長谷良子◎著
定價300元

趣·手藝 32

愛上天然石寶石＆玻璃
天然石·珍珠の黏編飾品
設計169款
日本ヴォーグ社◎著
定價280元

趣·手藝 33

Party Time！女孩兒の
可愛手縫布甜點家家酒：
廚房用具·甜點·麵包·
Pizza·蛋糕·套餐
BOUTIQUE-SHA◎著
定價280元

趣·手藝 34

動手指就OK！三秒鐘愛
上62枚可愛的摺紙小物
BOUTIQUE-SHA◎著
定價280元

趣·手藝 35

簡單好縫大成功！一次學
會65件超可愛店小物·可
用長夾
金清明美◎著
定價320元

趣·手藝 36

超好玩＆超益智！趣味摺
紙大全集 完整收錄157
件超人氣摺紙動物＆紙玩
具
主婦之友社◎授權
定價380元

雅書堂 EB 新手作

雅書堂文化事業有限公司
22070新北市板橋區板新路206號3樓
facebook 粉絲團·搜尋 雅書堂
部落格 http://elegantbooks2010.pixnet.net/blog
TEL:886-2-8952-4078 · FAX:886-2-8952-4084

趣·手藝 37
手作黏土禮物
太田子 小手作！305天氣法＆收藏袋＆作黏土禮物創作UN·2BEST·60
幸福豆手創館（胡瑞娟 Regin）
師生合著
定價320元

趣·手藝 38
手繪雜貨文字圖繪
100%可愛の手繪插圖！手寫字＆文字圖繪750點
BOUTIQUE-SHA◎授權
定價280元

趣·手藝 39
超可愛的多肉植物小花園
黏土！黏土作的超！超可愛多肉植物小花園 超療癒 人氣配色 BEST·25
蔡青芬◎著
定價350元

趣·手藝 40
不織布換裝娃娃時尚穿搭
超平·好作の不織布換裝娃娃時尚穿搭！4款換裝娃娃 80種單品配件
BOUTIQUE-SHA◎授權
定價280元

趣·手藝 41
輕鬆手作112隻超萌小動物
O萌在我指尖上！輕鬆手作112隻超萌小動物
BOUTIQUE-SHA◎授權
定價280元

趣·手藝 42
120款美麗剪紙
[完整紙型附錄]
簡單×實用×精緻 4步驟完成120款美麗剪紙
BOUTIQUE-SHA◎著
定價280元

趣·手藝 43
每天都想使用的橡皮章圖案集
9位人氣作家可愛童趣！集合每天都想使用的萬用橡皮章圖案集
BOUTIQUE-SHA◎授權
定價280元

趣·手藝 44
DOGS&CATS·可愛の掌心貓狗動物偶
羊毛氈十人氣手作！DOGS & CATS 可愛の掌心貓狗動物偶
須佐沙知子◎著
定價300元

趣·手藝 45
UV膠&環氧樹脂飾品教科書
初學者的第一本UV膠飾品教科書 從初學到進階！製作技法&人氣作品の完美All in one！
熊崎堅一◎監修
定價350元

趣·手藝 46
輕鬆作の微型樹脂土美食76道
定食·麵包·拉麵·甜點·派 自搶100％輕鬆作！ 1/12の微型樹脂土美食76道
ちょび子◎著
定價320元

趣·手藝 47
一玩味·翻花繩大全集
全圖解OK！親子同樂動力遊戲 一玩味·翻花繩大全集 AYATORI
野口廣◎監修
主婦之友社◎授權
定價399元

趣·手藝 48
牛奶盒作の袖珍屋設計60選
牛奶盒作り！袖珍屋設計 60選·直接收納×零距離貼近的好點子
BOUTIQUE-SHA◎授權
定價280元

趣·手藝 49
彩色多肉植物手作筆記
春來果黏土！MARUGO の彩色多肉植物日記·懶人在家也能作の超萌・新植栽黏土ZAKKA·27
丸子（MARUGO）◎著
定價350元

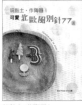

趣·手藝 50
CANDY COLOR TICKET
超可愛の糖果系·透明樹脂×樹脂土甜點飾品
CANDY COLOR TICKET◎著
定價320元

趣·手藝 51
玫瑰窗對稱剪紙
Rose window美麗&透光 玫瑰窗對稱剪紙
平田朝子◎著
定價280元

趣·手藝 52
可愛北歐風別針177選
玩黏土·作陶器！ 可愛 北歐風別針177選
BOUTIQUE-SHA◎授權
定價280元

趣·手藝 53
不織布甜點屋
New Open·開心店！ 超人氣の不織布甜點屋·第一間讓大人的不織布甜點店
堀內さゆり◎著
定價280元

趣·手藝 54
立體剪紙花飾
Paper·Flower·Gift 小清新生活美學 可愛の立體剪紙花飾四作品
くまだまり◎著
定價280元

趣·手藝 55
剪開信封·輕鬆作紙雜貨
每日の趣味·剪開信封輕鬆作紙雜貨：你一定會作的N個可愛版紙雜創作
宇田川一美◎著
定價280元